Sebastian Fraulob

Eingriffs- und Geräuschverhalten feinwerktechnischer Planetengetriebe aus Kunststoff

TUDpress
2015

Die vorliegende Arbeit wurde am 24. Oktober 2014 an der Fakultät Elektrotechnik und Informationstechnik der Technischen Universität Dresden als Dissertation eingereicht und am 08. April 2015 verteidigt.

Vorsitzender:
Prof.Dr.-Ing.habil. G. Gerlach

Gutachter:
Prof.Dr.-Ing.habil.Dr.h.c. W. Krause
Prof.Dr.-Ing.habil. J. Mehner

Bibliografische Information der Deutschen Nationalbibliothek
Die Deutsche Nationalbibliothek verzeichnet diese Publikation in der Deutschen Nationalbibliografie; detaillierte bibliografische Daten sind im Internet über http://dnb.d-nb.de abrufbar.

Bibliographic information published by the Deutsche Nationalbibliothek
The Deutsche Nationalbibliothek lists this publication in the Deutsche Nationalbibliografie; detailed bibliographic data are available in the Internet at http://dnb.d-nb.de.

ISBN 978-3-95908-029-3

Verlag der Wissenschaften GmbH
Bergstr. 70 | D-01069 Dresden
Tel.: 0351/47 96 97 20 | Fax: 0351/47 96 08 19
http://www.tudpress.de

Gesetzt vom Autor.
Printed in Germany.

Sebastian Fraulob
Eingriffs- und Geräuschverhalten feinwerktechnischer Planetengetriebe aus Kunststoff

TUDpress

TECHNISCHE UNIVERSITÄT DRESDEN

Eingriffs- und Geräuschverhalten feinwerktechnischer Planetengetriebe aus Kunststoff

Sebastian Fraulob

von der Fakultät Elektrotechnik und Informationstechnik
der Technischen Universität Dresden

zur Erlangung des akademischen Grades eines

Doktoringenieurs
(Dr.-Ing.)

genehmigte Dissertation

Vorsitzender:	Prof.Dr.-Ing.habil. G. Gerlach		
Gutachter:	Prof.Dr.-Ing.habil.Dr.h.c. W. Krause	Tag der Einreichung:	24.10.2014
	Prof.Dr.-Ing.habil. J. Mehner	Tag der Verteidigung:	08.04.2015

Vorwort

Die vorliegende Arbeit entstand während meiner Tätigkeit am Institut für Feinwerktechnik und Elektronik-Design der Technischen Universität Dresden. Die vielen bisher unzureichend erforschten Aspekte zur Dimensionierung und zum Betriebsverhalten sowie zur Geräuschemission feinwerktechnischer Zahnradgetriebe aus Kunststoff, gepaart mit dem steigenden industriellen Interesse, veranlassten mich, diese Sachverhalte näher zu untersuchen.

Finanziell unterstützt wurde das Projekt vom Bundesministerium für Wirtschaft und Technologie mit dem Programm Innovationskompetenz Mittelständischer Unternehmen (Pro Inno), wofür ich mich hiermit ausdrücklich danke.

Meinem hochverehrten Lehrer, Betreuer und Gutachter Herrn Professor Dr.-Ing. habil. Dr.h.c. Werner Krause gilt mein besonderer Dank für sein Engagement, seine Motivation und seine Geduld während dieser Arbeit. Für die Übernahme des zweiten Gutachtens möchte ich mich bei Herrn Professor Dr.-Ing. habil. Jan Mehner bedanken.

Weiterhin danke ich der Firma imk automotive GmbH aus Chemnitz, namentlich Herrn Dr.-Ing. habil. Wolfgang Leidholdt und Herrn Dr.-Ing. Roland Michel, der Firma Tittel Feingerätetechnik GmbH & Co. KG aus Frauenstein, insbesondere Herrn Christian Tittel sowie der Firma Johnson Electric Germany GmbH & Co. KG am Standort Dresden.

Meinen Kollegen am Institut, allen voran Herrn PD Dr.-Ing. Thomas Nagel, danke ich für die fachliche und sehr freundschaftliche Zusammenarbeit, die wesentlich zum Gelingen dieser Dissertation beigetragen hat.

Ein besonders liebes Dankeschön möchte ich natürlich meiner Familie, allen voran meiner Frau Manja für Ihr Verständnis und Ihre Unterstützung aussprechen.

Kurzfassung

Diese Arbeit untersucht Einflüsse der Verzahnungsgeometrie, der Belastung, der Toleranzen und der Einsatzbedingungen auf das Betriebs- und Geräuschverhalten feinwerktechnischer Planetengetriebe aus Kunststoff. Ausgehend vom Stand der Technik wird zunächst eine geeignete Berechnungsmethode entwickelt, mit der solche Getriebe bezüglich ihrer Eigenschaften wie Zahndeformationen, Eingriffsverhalten, Flanken- und Fußbelastungen sowie Übertragungs- und Reibverhalten analysiert werden können. Die anschließende Variantendiskussion erfolgt an beispielhaft gewählten Zahnradgetrieben mit dem Modul $m = 0{,}25$ mm, der Verzahnungsqualität 8 und dem gängigen Zahnradwerkstoff Polyoxymethylen (POM) sowohl für Außen- und Innenradpaarungen sowie für Gerad- und Schrägverzahnungen. Es folgen experimentelle Untersuchungen, die den Einfluss der Getriebe- und Betriebsparameter auf die Geräuschentstehung messtechnisch erfassen und die vorher durchgeführten theoretischen Betrachtungen stützen. Die gewonnenen Erkenntnisse werden abschließend in Gestaltungsrichtlinien für geräuscharme feinwerktechnische Planetengetriebe aus Kunststoff zusammengefasst.

Abstract

This thesis investigates the operating and noise characteristics of small plastic planetary gears caused by the influences of the gear tooth geometry, the load, the tolerances and the operating conditions. Starting from the state of the art a calculation method is developed to analyze such gears for their tooth deformation, engaging behavior, tooth flank and tooth root stress as well as their transmission and friction behavior. The following variant discussion takes place at exemplarily chosen gears with the modulus $m = 0{,}25$ mm, the tolerances according ISO quality 8 and the standard gear material polyoxymethylene (POM). The analyses are done for external and internal teethed gears as well as for spur and helical gears. The experimental studies demonstrate the influences of transmission and operating parameters on the noise behaviour and verify the calculated results. Finally the theoretical and experimental conclusions are summarized in design guidelines for small low noise planetary gears made of plastic.

Inhaltsverzeichnis

Zeichen, Benennungen und Einheiten

a	Achsabstand	mm
A	Fläche	mm^2
A	außenverzahntes Rad	-
A_a	Achsabstandstoleranz	mm
b	Zahnradbreite	mm
b_{Ab}	Zahnradbreite am Abtrieb	mm
b_{An}	Zahnradbreite am Antrieb	mm
C_a	Kopfrücknahme	µm
f	Frequenz	Hz
F	Kraft	mN
f_f	Profil-Formabweichung	µm
F_f	Profil-Gesamtabweichung	µm
f_i'	Einflankenwälzsprung	µm
F_i'	Einflankenwälzabweichung	µm
f_i''	Zweiflankenwälzsprung	µm
F_i''	Zweiflankenwälzabweichung	µm
f_p	Teilungs-Einzelabweichung	µm
F_p	Teilungs-Gesamtabweichung	µm
f_{pe}	Eingriffsteilungs-Abweichung	µm
F_r	Rundlaufabweichung	µm
f_z	Zahneingriffsfrequenz	Hz
g_α	Eingriffsstrecke	mm
i	Übersetzung	-
I	innenverzahntes Rad	-
l	Länge	mm
l_0	Länge bei Referenztemperatur	mm
L_p	Schalldruckpegel	dB
$L_{p\,eq}$	mittlerer Dauerschalldruckpegel	dB

l_T	Länge bei Temperatur T	mm
L_W	Schallleistungspegel	dB
M	Drehmoment	mN·m
m	Modul	mm
M_{Ab}	Abtriebsdrehmoment	mN·m
m_n	Normalmodul	mm
n	Drehzahl	min^{-1}
n_{Ab}	Drehzahl am Abtrieb	min^{-1}
n_{An}	Drehzahl am Antrieb	min^{-1}
p	Teilung	mm
p	Schalldruck	Pa
P	Schallleistung	W
p_e	Eingriffsteilung	mm
PV	Profilverschiebung	mm
R	Radius Kopfrundung	mm
r	Radius Teilkreis	mm
r_a	Radius Kopfkreis	mm
r_b	Radius Grundkreis	mm
s_G	Gleitweg	mm
T	Zahnradtemperatur	°C
T_0	Referenztemperatur	°C
v	Geschwindigkeit	mm/s
W_R	Reibarbeit	mJ
x	Profilverschiebungsfaktor	-
x_{Ab}	Profilverschiebungsfaktor am Abtrieb	-
x_{An}	Profilverschiebungsfaktor am Antrieb	-
z	Zähnezahl	-
z_{Ab}	Zähnezahl am Abtrieb	-
z_{An}	Zähnezahl am Antrieb	-
$\Delta\varphi_ü$	Drehwinkelübertragungsabweichung	°

α	Längen-Temperaturkoeffizient	K^{-1}
α_n	Normaleingriffswinkel	°
β	Schrägungswinkel	°
β_{Ab}	Schrägungswinkel am Abtrieb	°
β_{An}	Schrägungswinkel am Antrieb	°
ε_α	Profilüberdeckung	-
ε_β	Sprungüberdeckung	-
ε_γ	Gesamtüberdeckung	-
φ_{Ab}	Abtriebswinkel	°
φ_{An}	Antriebswinkel	°
λ	Verformung am Zahnkopf in Umfangsrichtung	mm
μ	Reibwert	
σ_F	Zahnfußspannung	mN/mm^2
σ_H	Flankenpressung	mN/mm^2

1 Einleitung

In vielen modernen Produkten werden kostengünstige miniaturisierte Antriebssysteme zum Bewegen mechanischer Teile und Baugruppen eingesetzt. Sie bestehen meist aus einem Elektromotor mit hoher Drehzahl, einer Ansteuerelektronik und einem Getriebe, wobei Motor und Getriebe oft in Form eines Zylinders nacheinander angeordnet sind. Für feinwerktechnische Anwendungen liegen typische Außendurchmesser im Bereich von 12 bis 50 mm, in Sonderfällen auch darunter. Die Getriebe sind häufig als Planetengetriebe ausgeführt und aus thermoplastischen Werkstoffen, im Weiteren kurz als Kunststoffe bezeichnet, gefertigt. Sie lassen sich für große Stückzahlen kostengünstig herstellen und erreichen hohe Übersetzungen bei geringem Bauraum sowie zugleich gutem Wirkungsgrad. Derartige Antriebe kommen branchenübergreifend zum Einsatz. Bei vielen Anwendungen, wie beispielsweise im Automobilbau oder in Haushaltgeräten, gewinnt dabei das Geräuschverhalten zunehmend an Bedeutung.

Geräuscharme Motoren sind in einer breiten Palette verfügbar. Für den akustischen Gesamteindruck des Antriebssystems darf sich der geringe Pegel der Motoren durch die Getriebe nicht wesentlich erhöhen. Diese lassen sich in zwei Gruppen einteilen:

- Kostenintensive Präzisionsgetriebe mit sehr niedrigem Geräuschpegel, ausgeführt in Metall oder Kunststoff, oft auch in Kombination beider Werkstoffe, meist für spezielle Einsatzgebiete;
- kostengünstige Kunststoffgetriebe mit wenigen Einzelteilen, komplett im Spritzgussverfahren gefertigt, mit mittlerem oder hohem Geräuschpegel, hauptsächlich für industrielle Anwendungen.

Dabei zeigt sich ein steigender Bedarf nach miniaturisierten Getrieben zur Leistungsübertragung, die einerseits in großen Stückzahlen sehr preiswert gefertigt werden können und andererseits geräuscharm sind. Dafür ist es notwendig, die Einflüsse der Verzahnungsgeometrie, der Belastung, der Werkstoffe und der Toleranzen sowie des konstruktiven Aufbaus auf das Getriebegeräusch zu kennen.

An der Verbesserung des Geräuschverhaltens von feinwerktechnischen Planetengetrieben aus Kunststoff wird derzeit gearbeitet. Die vorliegende Dissertation leistet dazu einen Beitrag, mit dem Ziel, aus theoretischen und experimentellen Untersuchungen Richtlinien zur Dimensionierung und Gestaltung derartiger Getriebe abzuleiten.

2 Stand der Technik

Das Kapitel gibt zunächst einen Überblick zu feinwerktechnischen Stirnradgetrieben. Dabei werden die zur Komplettierung von Klein- und Mikromotoren geeigneten Standgetriebe nur kurz beleuchtet, da ihre Berechnung und Gestaltung sowie das Betriebsverhalten ausführlich in der Literatur dargestellt sind. Der Zielstellung der Arbeit entsprechend folgt dann eine ausführliche Betrachtung zu Planetengetrieben, zu deren Dimensionierung und den dafür eingesetzten Werkstoffen sowie zu bisher bekannten Geräuschursachen.

2.1 Feinwerktechnische Stirnradstandgetriebe

Abhängig vom Einsatzbereich unterscheidet man bei den Standgetrieben nach DIN 58405 mehrere Bauformen. Bei Mess- und Einstellgetrieben bestehen Forderungen bezüglich drehwinkeltreuer Übertragung sowie Flankenspielfreiheit. Laufwerkgetriebe müssen hingegen vor allem ausreichendes Spiel aufweisen, um Betriebsstörungen durch die meist großen Fertigungs- und Montageabweichungen zu vermeiden. Leistungsgetriebe sind bezüglich der Tragfähigkeit sorgfältig zu dimensionieren. Bei ihnen ist vor allem im höheren Drehzahlbereich des Weiteren das Geräusch niedrig zu halten und wegen der meist nur geringen zur Verfügung stehenden Antriebsleistung dem Wirkungsgrad Beachtung zu schenken. Als Werkstoffe kommen bei diesen Getrieben in der Massenfertigung wegen ihren guten Verarbeitungsmöglichkeiten und der vorteilhaften Eigenschaften neben Metallen zunehmend Kunststoffe zum Einsatz.

Eine Sonderstellung nehmen sogenannte Uhrwerkgetriebe ein, die in Uhren mit mechanischem Schwingsystem zur Anwendung kommen. Sie müssen eine momententreue Bewegungsübertragung auch innerhalb eines Zahneingriffs sowie eine große Übersetzung ermöglichen. Im Gegensatz zu den oben genannten Getrieben, die vorzugsweise mit Evolventenverzahnung gefertigt werden, kommen hier meist von der Zykloide abgeleitete Sonderprofile zur Anwendung. Sie sind in [KRA93] beschrieben und werden nachfolgend ebenso wie die oben erwähnten Mess- und Einstellgetriebe nicht weiter betrachtet.

Für Klein- und Mikromotoren finden meist mehrstufige Standgetriebe Anwendung. Trotz kleiner Leistung der Motoren können bei großer Übersetzung der zumeist stark miniaturisierten Getriebe in deren letzten Stufen beträchtliche Beanspruchungen auftreten. Die Platinenbauweise (Abbildung 1a) zeichnet sich durch eine kurze Getriebelänge aus. Jedoch ist der Wiederholteilgrad der einzelnen Elemente klein und damit ein oft angestrebtes Baukastensystem mit verschiedenen Übersetzungen schlecht realisierbar. Diesen Nachteil umgeht man mit der Steckbauweise, die zudem den Vorteil einer automatisierungsgerechten Montage bietet (Abbildung 1b).

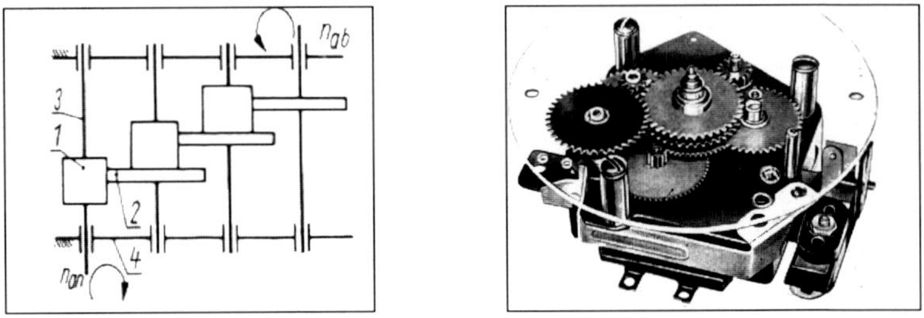

a) Platinenbauweise, links schematisch, rechts Ausführungsbeispiel
1 Ritzel; 2 Räder; 3 Achsen und Wellen; 4 Platinen

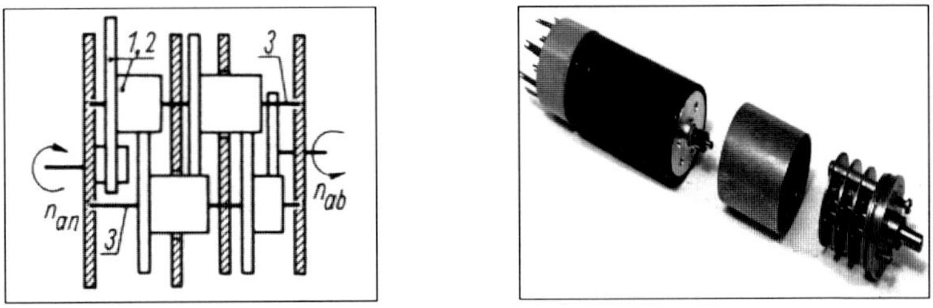

b) Steckbauweise, links schematisch, rechts Ausführungsbeispiel
1, 2 Ritzel-Rad-Kombinationen; 3 Achsen und Wellen

Abbildung 1: Bauformen feinwerktechnischer Stirnradstandgetriebe zur Komplettierung von Klein- und Mikrogetrieben [KRA66], [KRA93], [KRA13]

Für beide Bauweisen sind in [KRA93] die Dimensionierung und Gestaltung außenverzahnter Stirnräder aus Metall sowie aus Kunststoffen ausführlich dargestellt. Ergebnisse bisheriger Untersuchungen zum Betriebsverhalten beinhalten die drehwinkeltreue Bewegungsübertragung, das Geräuschverhalten und den Wirkungsgrad. Sie beziehen sich allerdings nur auf außenverzahnte Geradstirnräder aus Metall [KRA66], [KRA96], [KRA97]. Bei Kunststoffrädern gibt es lediglich Richtlinien, mit denen der Einfluss von Temperatur und Luftfeuchte auf das Flankenspiel ermittelt werden kann [KRA03].

2.2 Feinwerktechnische Planetengetriebe

Im Vergleich zu Standgetrieben lassen sich mit Planetengetrieben, auch als Umlaufrädergetriebe bezeichnet, bei gleichem Bauvolumen größere Übersetzungen erreichen. Als nachteilig erweist sich lediglich der etwas niedrigere Wirkungsgrad, da durch die Planetenbewegung infolge der zusätzlichen Drehung des Steges relative Wälzgeschwindigkeiten auftreten. In Abhängigkeit von der Anwendung gibt es vielfältige Bauformen, die entsprechend der Anordnung von außen- (*A*) und innenverzahnten (*I*) Rädern unterschieden werden. Eine zugehörige Systematik ist in [LOO96] und [VOL90] sehr übersichtlich dargestellt. Die Begriffe, Symbole und Berechnungsgrundlagen für diese Getriebe fasst die Richtlinie VDI 2157 zusammen.

In der Feinwerktechnik werden Planetengetriebe vor allem wegen ihrer hohen übertragbaren Leistung pro Volumen, ihrer koaxialen Bauform und der großen Übersetzung je Stufe bei gleichzeitig geringem Bauvolumen zunehmend verwendet. Die große Anzahl möglicher Bauformen ist für feinwerktechnische Anwendungen aber stark reduziert. In der Praxis wird fast ausschließlich die Form *AAI* (Abbildung 2) genutzt. Sie besitzt ein feststehendes Hohlrad. Der Antrieb ist das Sonnenrad, welches meist in drei gleichmäßig über den Umfang verteilte Planetenräder eingreift. Die Planeten sind in einem Steg gelagert, der als Abtrieb dient. Für große Übersetzungen können mehrere solche Getriebestufen hintereinander angeordnet werden (Abbildung 3). Dabei ist das Sonnenrad der jeweils nachfolgenden Stufe fest mit dem Steg verbunden. Kommen mindestens drei Planetenräder pro Stufe zum Einsatz, zentrieren diese den Steg, und auf eine zusätzliche Lagerung desselben kann verzichtet werden. Ein Steglager ist dann nur für die Ausgangsstufe nötig, um Radial- und Axialkräfte aus der Umgebungskonstruktion aufzunehmen.

Neben den genannten Eigenschaften bietet die Bauform *AAI* weitere Vorteile:

- Das Hohlrad ist gleichzeitig als Gehäuse ausgebildet (Funktionenintegration),
- einfache Fertigung und Montage durch wenige Einzelteile (hoher Wiederholteilgrad),
- Verzicht auf komplexe Einzelteile (z. B. keine Doppelzahnräder),
- Abdecken eines großen Übersetzungsbereiches mit einer Getriebebaureihe, durch einfache Stapelbarkeit der Getriebestufen.

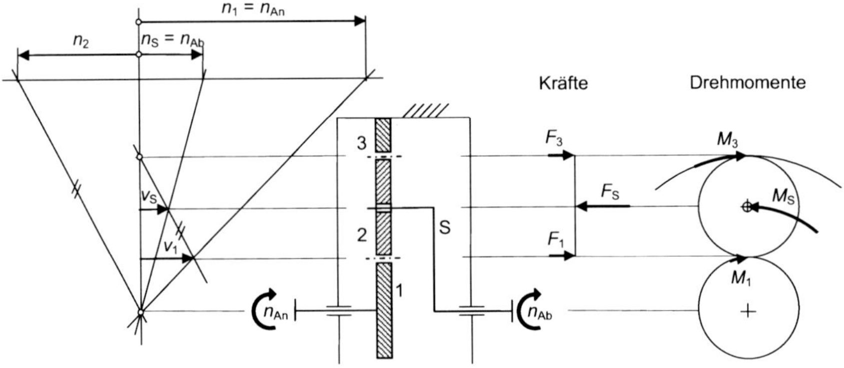

Abbildung 2: Schema einer *AAI*-Getriebestufe mit Kutzbachplan, wirkenden Kräften und Drehmomenten 1 (A) Sonnenrad (Antrieb); 2 (A) Planetenrad (-räder); 3 (I) Hohlrad (gehäusefest); S Steg (Abtrieb)

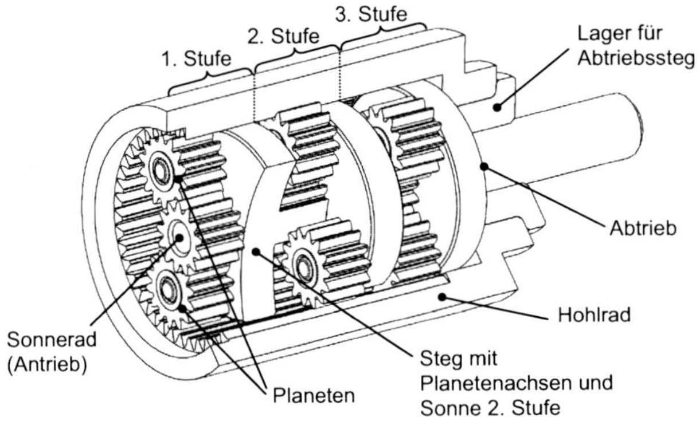

Abbildung 3: Aufbau eines 3-stufigen *AAI*-Planetengetriebes

Die Übersetzung einer Getriebestufe wird durch das Zähnezahlverhältnis von Hohlrad und Sonnenrad gemäß Gl. (2.1) bestimmt, und für mehrstufige Getriebe ergibt sich die Gesamtübersetzung aus den Teilübersetzungen i_k nach Gl. (2.2):

$$i = 1 - \frac{z_3}{z_1} \text{ (Zähnezahl vom Hohlrad ist negativ einzusetzen),} \qquad (2.1)$$

$$i_{\text{ges}} = \prod_{k=1}^{n} i_k \text{ (mit } n \text{ Getriebestufen).} \tag{2.2}$$

Obwohl in der Feinwerktechnik hauptsächlich die Bauform *AAI* angewendet wird, sind die Ausführungen sehr verschieden. Sie reichen von laufruhigen Präzisionsgetrieben (Abbildung 4, links) für spezielle Einsatzgebiete, z. B. in optischen Geräten oder der Medizintechnik, bis hin zu einfachen, preiswerten Getrieben der Massenfertigung (Abbildung 4, rechts) mit einem deutlich höheren Geräuschpegel. Die Präzisionsgetriebe haben dabei einen um den Faktor 10 bis 100 größeren Preis als die einfachen Getriebe. Dieser ist vor allem auf die Konstruktion, die verwendeten Werkstoffe und Komponenten sowie die aufwendigere Fertigung zurückzuführen. Dafür weisen sie in Anhängigkeit von der Anwendung ein optimiertes Betriebsverhalten bezüglich Geräuschpegel, Leistungsdichte und Übertragungsgenauigkeit auf.

Abbildung 4: Feinwerktechnische Ausführungen der Bauform *AAI* (zweistufig)
links: aufwendiges Präzisionsgetriebe mit hoher Laufruhe [ZEI08]
rechts: preiswertes Getriebe mit wenigen einfachen Einzelteilen

In dem in dieser Arbeit betrachteten Bereich der Getriebeaußendurchmesser von 12 bis 50 mm kommen im Allgemeinen Räder mit Moduln unter 1 mm zum Einsatz. Für preiswerte Getriebe werden in der Massenfertigung Verzahnungsqualitäten nach DIN 3961 ff. und DIN 58405 ff. von etwa 8 bis 10 erreicht.

In Sonderanwendungen gelangen weitere Bauformen und -größen zur Anwendung. Stellvertretend dafür sind in Abbildung 5 das Wolfrom-Getriebe und ein Mikrogetriebe zu sehen. Bei Wolfrom-Getrieben bestehen die Planeten aus Doppelrädern, welche in zwei verschiedenen innenverzahnten Rädern kämmen. Damit lässt sich eine sehr große Übersetzung in einem kleinen Bauraum erreichen. Nachteilig ist die aufwendigere Konstruktion im Vergleich zur Bauform *AAI*. Das Mikrogetriebe besitzt einen Außendurchmesser von nur 1,4 mm und ist optimiert für den Einsatz mit ähnlich großen

Mikromotoren sehr hoher Drehzahl. Die Herstellung erfolgt mit stereolithographischen Verfahren.

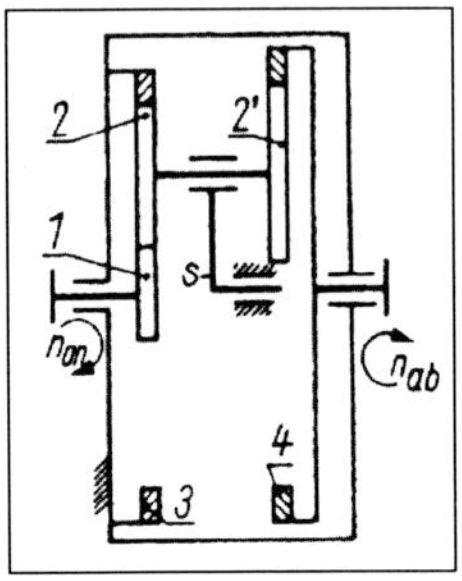

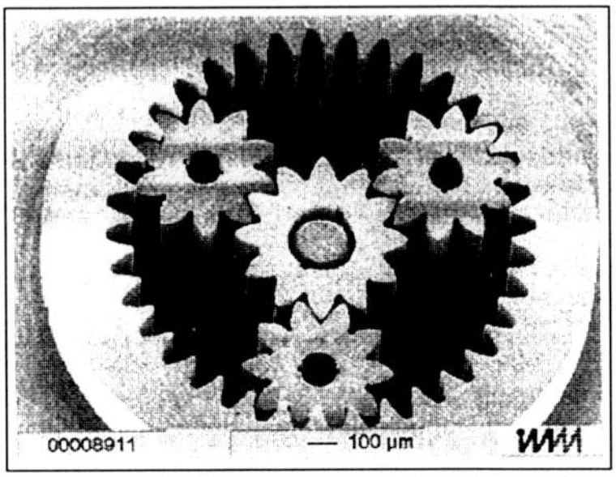

Abbildung 5: Weitere Ausführungsformen feinwerktechnischer Planetengetriebe
links: Wolfrom-Getriebe - Schema [KRA13]; 1 Antrieb (Zentralrad); 2, 2´ Planetenräder, drehbar auf Steg s; 3 Innenrad – gehäusefest; 4 Abtrieb (Innenrad)
rechts: Mikrogetriebe (Außendurchmesser 1,4 mm) [THÜ00]

2.3 Einsatz von Kunststoffen

Hochwertige Planetengetriebe der Feinwerktechnik zur Leistungsübertragung sind vorwiegend aus Metall gefertigt. Kunststoffe, speziell Thermoplaste, werden hauptsächlich verwendet, um funktionelle Eigenschaften, wie beispielsweise die Geräuschemission, zu verbessern. Die preiswerten Getriebe bestehen dagegen fast ausschließlich aus Kunststoff, um die Vorteile des Spritzgussverfahrens nutzen zu können. Lediglich für die Abtriebswelle und deren Lagerung werden oft metallische Werkstoffe eingesetzt.

Aus der großen Palette von Kunststoffen gelangen nur sehr wenige für die Fertigung von Zahnrädern zur Anwendung. Zum Einsatz kommen oft unverstärkte, z. T. aber auch verstärkte Thermoplaste. Eine gute Übersicht bieten hier [ESS96] und [ERH85]. Als wesentliche Vorteile von Kunststoffen sind zu nennen:

- Gute Dämpfung, dadurch geringe Geräuschemission,
- gutes Gleitverhalten, auch bei Trockenlauf,
- kleine Masse,
- geringe Kosten und
- wirtschaftliche Verarbeitbarkeit.

In Tabelle 2.1 sind die drei wesentlichen Kunststoffe mit ihren Eigenschaften und den wichtigsten Einsatzgebieten aufgeführt.

Tabelle 2.1: Wichtige Kunststoffe für Zahnradgetriebe

Polyamid (PA)	**Polyoxymethylen (POM)**	**Polybutylenterephthalat (PBT)**
Eigenschaften: • Gute Dämpfung, • hohe Zähigkeit, • hohe Verschleißfestigkeit, • gute Verarbeitbarkeit, • Dimensionsänderungen durch Feuchteaufnahme.	*Eigenschaften:* • Formstabil, maßhaltig, • geringe Wasseraufnahme, • gute Gleiteigenschaften, auch bei Trockenlauf, • hohe Steifigkeit, • geringere Zähigkeit als PA, • verglichen mit PA geringere Verschleißfestigkeit, • gute thermische Stabilität, • hohe Tragfähigkeit, • gute Verarbeitbarkeit.	*Eigenschaften:* • Vergleichbar mit PA, außer: Geringere Zähigkeit, kleinere Feuchteaufnahme, damit formstabiler und maßhaltiger.
Einsatz: • Universeller Zahnradwerkstoff, • durch Feuchteaufnahme eher ungeeignet für Räder hoher Präzision bzw. kleiner Abmessungen.	*Einsatz:* • Kleine, maßhaltige Zahnräder, • hochbelastete Zahnräder, • Zahnräder mit erhöhter Temperaturbelastung.	*Einsatz:* • Präzisionszahnräder, • Zahnräder mit erhöhter Temperaturbelastung.

2.4 Dimensionierung der Zahnräder

Bei der konstruktiven Entwicklung von Planetengetrieben ist das Dimensionieren der Zahnräder ein entscheidender Aspekt. Unter Beachtung der gewünschten Übersetzung und des erforderlichen Bauraums können die wirkenden Drehzahlen, Drehmomente und Zahnkräfte abgeleitet werden (s. Abbildung 3). Diese Größen bilden die Grundlage für die Zahnradauslegung.

Ausgehend von den für Planetengetriebe relevanten geometrischen Zusammenhängen bezüglich der Verzahnungsgeometrie werden nachfolgend der aktuelle Stand der Technik zur Tragfähigkeitsberechnung für aus Kunststoff gefertigte Getriebe mit kleinen Abmessungen aufbereitet und offene Fragen abgeleitet. Auf Grund der vielfältigen Bauformen konzentriert sich das Kapitel auf Planetengetriebe der Form *AAI* mit drei gleichmäßig über den Umfang verteilten Planetenrädern. Dazu sind Kenntnisse über die Außen- und die Innenverzahnung notwendig. Sonderbauformen von Getrieben, z. B. mit ungleichmäßiger Anordnung der Planetenräder ([GRA95]) werden hier nicht betrachtet.

2.4.1 Verzahnungsgeometrische Grundlagen

In Planetengetrieben der Feinwerktechnik wird fast ausschließlich die Evolventenverzahnung angewendet. Zum Einsatz kommen sowohl das Bezugsprofil für den allgemeinen Maschinenbau nach DIN 867 als auch das feinwerktechnische Bezugsprofil nach DIN 58400. Als Vorteile der Evolventenverzahnung können genannt werden:

- Wirtschaftliche Fertigung mit einfachen Werkzeugen,
- Satzrädereigenschaften und damit Austauschbarkeit der Räder,
- unempfindlich gegenüber kleineren Achsabstandsabweichungen,
- Fertigung gerad- und schrägverzahnter Räder möglich.

Eingriffsverhalten und Überdeckung der Evolventenverzahnung

Die Eingriffsverhältnisse an einem geradverzahnten Stirnradpaar sind in Abbildung 6a dargestellt. In jeder beliebigen Getriebestellung berühren sich die Zahnflanken beider Räder auf der Eingriffslinie. Sie liegt an beiden Grundkreisen in den Punkten T_1 und T_2 tangential an. Der Eingriffsbeginn (Punkt A) und das Eingriffsende (Punkt E) eines Zahnpaares sind durch die Schnittpunkte der Kopfkreise mit der Eingriffslinie definiert. Die Strecke $\overline{AE}$ wird Eingriffsstrecke g_α genannt. Der Schnittpunkt der Eingriffsstrecke mit der Verbindungslinie zwischen den Radmittelpunkten ist der Wälzpunkt C. Nur in ihm wälzen die Zahnflanken aufeinander ab. An den anderen Flankenabschnitten liegt eine Gleitbewegung vor, wobei die Gleitgeschwindigkeit mit dem Abstand des Berührungspunktes vom Wälzpunkt linear ansteigt.

Während der Drehbewegung sind abwechselnd ein oder zwei Flankenpaare in Eingriff. Dieser Wechsel findet an den Punkten B und D statt. Dabei besteht im Bereich $\overline{BD}$ Einzeleingriff und in den Bereichen $\overline{AB}$ und $\overline{DE}$ Doppeleingriff.

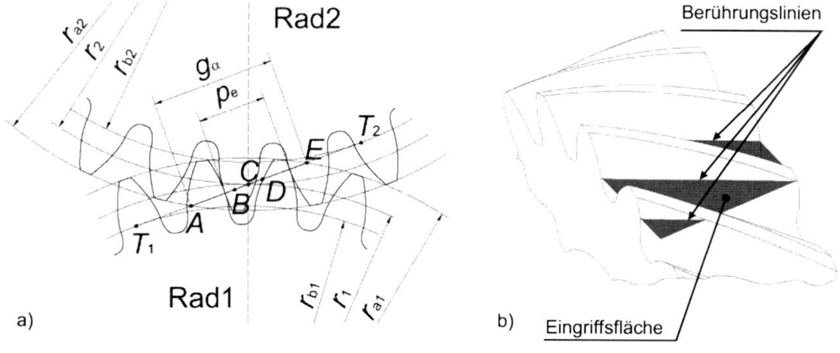

Abbildung 6: Eingriffsverhalten der Gradverzahnung (a) und der Schrägverzahnung (b)

Bei schrägverzahnten Rädern verlaufen die Flankenlinien schraubenförmig. Im Gegensatz zur Geradverzahnung folgen die Berührungslinien zweier gepaarter Zahnflanken dabei nicht den Flankenlinien, sondern liegen diagonal über der Zahnflanke (Abbildung 6b). Der Eingriff beginnt punktförmig am treibenden Rad an einer Stirnseite am Zahnfuß. Anschließend wächst die Berührungslinie stetig an, bis sie über die gesamte Radbreite reicht. Im weiteren Eingriffsverlauf wandert diese Linie zum Zahnkopf, wo die Zahnflanken an der anderen Stirnseite allmählich außer Eingriff kommen. Alle Berührungspunkte zweier eingreifender Zahnflanken bilden dabei die Eingriffsfläche.

In Abbildung 6a ist die Eingriffsteilung p_e zu sehen. Sie beschreibt den Abstand zweier Zahnflanken eines Rades auf der Eingriffsstrecke. Das Verhältnis von Eingriffsstrecke zu Eingriffsteilung ist die Profilüberdeckung ε_α. Sie gibt für geradverzahnte Getriebe an, wie viele Zahnpaare sich durchschnittlich in Kontakt befinden. Entsprechend dem zweiten Verzahnungsgesetz gilt für eine gleichmäßige Bewegungsübertragung, bei der auch die momentane Übersetzung $i_0 = \omega_2/\omega_1$ konstant ist:

$$\varepsilon_\alpha = \frac{g_\alpha}{p_e} \geq 1 \,. \tag{2.3}$$

Verglichen mit geradverzahnten Rädern weisen schrägverzahnte eine größere Überdeckung auf. Die Gesamtüberdeckung ε_γ setzt sich aus der Profilüberdeckung ε_α und der Sprungüberdeckung ε_β zusammen:

$$\varepsilon_{\beta} = \frac{b \cdot \sin|\beta|}{m_{n}\pi}, \qquad (2.4)$$

$$\varepsilon_{\gamma} = \varepsilon_{\alpha} + \varepsilon_{\beta} \geq 1. \qquad (2.5)$$

Eine gleichmäßige Bewegung wird durch $\varepsilon_{\gamma} \geq 1$ gesichert und ist in der Regel gewährleistet, da die Gesamtüberdeckung oft $\varepsilon_{\gamma} > 2$ beträgt.

Zu beachten ist, dass in schrägverzahnten Stirnradgetrieben Axialkräfte wirken. Diesem Nachteil stehen bei Anwendungen im Maschinenbau auf Grund der größeren Überdeckung und des allmählichen Zahneingriffs eine bessere Tragfähigkeit und eine höhere Laufruhe gegenüber. Nach [KRA66] spielen diese Vorteile bei feinwerktechnischen Getrieben aus metallischen Werkstoffen eine untergeordnete Rolle. Für Getriebe aus Kunststoff gibt es in der Literatur dazu kaum Angaben.

Profilverschiebung

Wird das Verzahnungswerkzeug in Bezug zum Radmittelpunkt abgerückt bzw. zugestellt, verschiebt sich der für die Verzahnung nutzbare Teil der Evolvente nach außen (vom Grundkreis weg) bzw. nach innen. Dies wird als Profilverschiebung PV bezeichnet und ist durch den Profilverschiebungsfaktor x nach Gl. (2.6) definiert:

$$PV = x \cdot m. \qquad (2.6)$$

Auf Grund der geometrischen Eigenschaften der Evolvente wird das erste Verzahnungsgesetz auch von Stirnradpaaren mit Profilverschiebung erfüllt. Man kann somit alle Zahnräder mit gleichem Modul, aber beliebiger Profilverschiebung miteinander paaren. Für den praktischen Einsatz sinnvolle Paarungen mit ihren Eigenschaften werden in DIN 3960, [KRA93] und [LIN96] detaillierter erläutert.

Mit Blick auf feinwerktechnische Planetengetriebe und deren Geräusch- und Verschleißeigenschaften sind vor allem drei Punkte zu nennen, die durch eine Profilverschiebung beeinflusst werden können:

- Für eine große Stufenübersetzung muss das Hohlrad eine möglichst große und das Sonnenrad eine möglichst kleine Zähnezahl aufweisen. Wird eine bestimmte Zähnzahl, die Grenzzähnezahl, unterschritten, tritt am Zahnfuß Unterschnitt auf. Dieser verringert die Zahnfußfestigkeit und damit die Tragfähigkeit der Verzahnung. Durch eine positive Profilverschiebung kann dieser Unterschnitt verkleinert bzw. eliminiert werden.

- Durch geeignete Profilverschiebung lässt sich der Achsabstand in bestimmten Grenzen beliebig variieren. Für das optimale Ausnutzen des Bauraums ist dies, vor allem bei sehr kleinen Getrieben, von Vorteil.
- Mit dem Abstand des Berührungspunktes vom Wälzpunkt steigen die Gleitgeschwindigkeit und das spezifische Gleiten. In Folge dessen erhöhen sich auch die örtliche Erwärmung, der Reibverschleiß und der reibungsbedingte Anteil der Geräuschemission. Durch geeignete Profilverschiebung an beiden Zahnrädern können diese Größen positiv beeinflusst werden [LIN96].

Innenverzahnung

Ein Innenradpaar mit Evolventenprofil (Abbildung 7) zeigt das gleiche Eingriffsverhalten wie zwei außenverzahnte Stirnräder. Zu beachten ist aber, dass die Zähnezahl z des Hohlrades sowie die davon abgeleiteten Größen, wie beispielsweise alle Durchmesser und der Achsabstand, ein negatives Vorzeichen aufweisen. Damit können alle Berechnungen analog denen der Außenradpaaren durchgeführt werden.

Unabhängig von der Zähnezahl und der Profilverschiebung kann kein Unterschnitt auftreten. Es muss aber einen deutlichen Unterschied der Zähnezahlen von Außen- und Innenrad von $|z_{\text{innen}}| - z_{\text{außen}} \geq 10$ geben, da es sonst zu Eingriffsstörungen kommt.

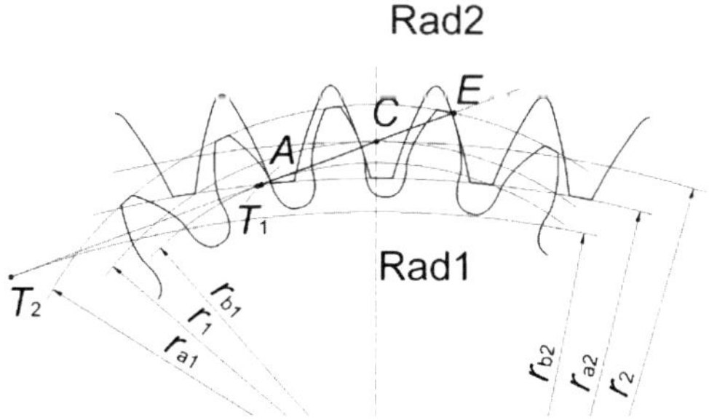

Abbildung 7: Eingriffsverhalten eines Innenradpaares

2.4.2 Tragfähigkeitsberechnung der Zahnräder

Die nachfolgend beschriebenen Methoden zur Tragfähigkeitsberechnung beschränken sich auf Stirnradgetriebe aus Kunststoff mit kleinem Modul ($m < 1$ mm), die zur Leistungsübertragung dienen.

Anders als bei metallischen Rädern (z. B. DIN 3990, ISO 6336) stehen für Kunststoffräder keine gültigen Normen oder Richtlinien zur Verfügung. Viele der in der Literatur beschriebenen Berechnungen (z. B. [ERH85], [NIE89], [KRA93]) bauen auf der 1996 zurückgezogenen Richtlinie VDI 2545 auf. In aktuellen Publikationen herrscht Uneinigkeit darüber, welche Methoden genutzt werden sollten. In [KIS11] wird empfohlen, nach VDI 2545 zu verfahren. Hingegen ist in [FEU07] und [FEU08] ausgeführt, dass die Berechnung nach dieser Richtlinie anwendungsabhängig zu deutlicher Unter- oder Überdimensionierung führen kann. Deshalb sollte die Zahnradauslegung nach [FEU08] in vier Schritten nach jeweils verschiedenen Methoden erfolgen:

1. Berechnen der Zahnflankentragfähigkeit nach DIN 3990, Methode B,
2. Berechnen der Zahnfußtragfähigkeit nach DIN 3990, Methode B,
3. Berechnen der Zahnverformung nach [ERH85]
4. Berechnen der Zahnflanken- und Zahnfußtemperatur nach [FEU08].

In der Praxis wird sehr oft noch die Richtlinie VDI 2545 angewendet. Ein Ausschuss der VDI-Gesellschaft Entwicklung, Konstruktion, Vertrieb (VDI-EKV) hat sich die Aufgabe gestellt, eine neue Richtlinie zu erarbeiten, die sich aber noch im Entwurfsstadium befindet, und auf die deshalb hier kein Bezug genommen werden kann.

Im Vergleich zu metallischen Rädern sind für solche aus Kunststoff nur wenige weitere Veröffentlichungen bekannt, die Erkenntnisse zu ausgewählten Betriebseigenschaften enthalten. Nachfolgend wird eine Auswahl vorgestellt:

- Analytische Berechnung des Übertragungsverhaltens in [TER84], [KRA96] und [TSA97],
- experimentelle Untersuchungen zum Eingriffsverhalten in [WAL95],
- FE-Analysen zur Zahndeformation, zur Belastungsverteilung und zu Zahnbeanspruchungen in [TSA97], [MEL08] und [KAR10],
- analytische und experimentelle Untersuchungen zum Wirkungsgrad in [KRA97] und [WAL02],
- Analysen zum Temperatur- und Feuchteeinfluss in [KRA03], [TAB06], [DÜZ09] und [KAR10].

In Auswertung dieser Publikationen kann zusammengefasst werden, dass Getriebe aus Kunststoff im Vergleich zu solchen aus metallischen Werkstoffen große Zahndeformationen unter Last aufweisen. Dies führt zu einem veränderten Eingriffs- und Übertragungsverhalten, zu erhöhtem Verschleiß und hat Einfluss auf die Geräuschemission. Weiterhin sind kunststoffspezifische Eigenschaften wie Temperatur-, Feuchte- und Reibverhalten zu berücksichtigen. Erschwerend kommt hinzu, dass die benötigten Werkstoffdaten oft nur unvollständig bzw. nicht verfügbar sind. Es müssen in diesen Fällen Daten vergleichbarer Werkstoffe bzw. Werkstoffpaarungen verwendet werden. Inwieweit und durch welche wirkenden Mechanismen sich die genannten Getriebeeigenschaften beeinflussen lassen, ist noch nicht umfassend untersucht. Hierfür bedarf es weiterer Arbeiten.

Fast alle Veröffentlichungen resultieren aus Berechnungen und Versuchen für Kunststoffgetriebe mit einem Modul von $m = 1$ bis 4 mm. Mögliche Besonderheiten von Getrieben mit kleinerem Modul sind in der Literatur bisher nicht beschrieben.

2.5 Geräuschursachen

Die Geräuschemission einer Baugruppe oder eines Gerätes entsteht infolge der Anregung, der Übertragung und der Abstrahlung des Schalls. In Zahnradgetrieben gibt es zwei Stellen der Schallanregungen, den Zahneingriff und die Lagerstellen. Die Schallabstrahlung erfolgt entweder direkt als Luftschall von den Zahnrädern und Lagern oder indirekt durch die Ausbreitung als Körperschall im Getriebe und Abstrahlung als Luftschall von dritten Bauteilen (z. B. Gehäuse). Die Schallanregung durch die Lager sowie die Schallübertragung und -abstrahlung sind von der jeweiligen Konstruktion abhängig. In diesem Kapitel werden ausschließlich die Ursachen der Geräuschentstehung durch den Zahneingriff beschrieben, die unabhängig vom Getriebeaufbau sind:

1. Ein- und Austrittsstoß

   Durch die Zahndeformation unter Last kann es zu vorzeitigem Eingriff der Kopfkante des getriebenen Rades kommen (Eintrittsstoß). Der Zahnkopf des Antriebsrades kann beim Auszahnen länger in Eingriff bleiben und nachfedern (Austrittsstoß). Teilungs-Einzelabweichungen der Verzahnung bewirken den gleichen Effekt. Die Stöße treten mit der Zahneingriffsfrequenz $f_z = n{\cdot}z/60$ auf und sind abhängig von der Belastung und Umfangsgeschwindigkeit. Eine konstruktive Maßnahme zum Verringern bzw. Vermeiden der Stöße ist eine definierte Kopfrücknahme. Der Verschleiß am Zahnfuß und Zahnkopf verkleinert den Effekt ebenfalls.

2. Schwankung der Zahnsteifigkeit während des Zahneingriffs

Die Zahnsteifigkeit ändert sich während eines Zahneingriffs. Dies ruft eine periodische Schwingung mit der Zahneingriffsfrequenz f_z hervor, die von der Belastung abhängt. Die Steifigkeitsänderung wird durch die Überdeckung und durch Profilkorrekturen beeinflusst. Bei schrägverzahnten Rädern schwankt sie weniger als bei geradverzahnten. Eine ganzzahlige Sprungüberdeckung ist dabei optimal [SMI83].

3. Wälzkreisimpuls

   Die Richtungsänderung der Reibbewegung im Wälzpunkt verursacht den Wälzkreisimpuls. Er tritt ebenfalls mit der Zahneingriffsfrequenz f_z auf und kann durch die Profilverschiebung beeinflusst werden. Bei schrägverzahnten Rädern ist dieser Impuls durch den entlang der Radbreite allmählich verlaufenden Zahneingriff geringer.

4. Reibgeräusch

   Das Reibgeräusch entsteht durch das Gleiten im Berührungsbereich der beiden Zahnflanken. Es ist hauptsächlich abhängig von der Oberflächenbeschaffenheit der Flanken und vom eingesetzten Schmierstoff. Dieses Geräusch ist in der Regel breitbandig und hat keine charakteristische Frequenz.

5. Drehschwingungen im Resonanzbereich

   Wird eine Getriebestufe im Resonanzbereich angeregt, entstehen der Drehbewegung überlagerte Schwingungen, die einen signifikanten Geräuschpegel verursachen können. Bei der Dimensionierung ist darauf zu achten, dass die Resonanzfrequenz außerhalb des Drehzahlbereiches liegt.

Die fünf genannten Ursachen wurden für metallische Getriebe des Maschinenbaus ermittelt. Die Auswirkungen dieser Ursachen und weitere Besonderheiten des Geräuschverhaltens von feinwerktechnischen Leistungsgetrieben aus Kunststoff sind nicht vollständig bekannt. Es existieren wenige veröffentlichte Arbeiten, deren Inhalt nachfolgend vorgestellt wird.

In [KRA66] und [KRA93] wird berichtet, dass bei feinwerktechnischen Getrieben aus Metall die Teilungs-Einzelabweichungen f_p wesentlich größer als die elastischen Zahnverformungen sind. Es findet praktisch immer Einzeleingriff statt, unabhängig von einer theoretischen Überdeckung von $\varepsilon_\alpha > 1$. Das Resultat ist ein das Geräusch und den Verschleiß stark beeinflussender Kopfkanteneingriff. Damit kommen auch die Vorteile der Schrägverzahnung für derartige Räder kaum noch oder nicht mehr zum Tragen.

Kunststoffgetriebe wurden in den Arbeiten [FAA98], [FAA98b], [SIL95] und [WAL95] für den Modulbereich von $m = 1$ bis 4 mm untersucht. Übereinstimmend kommen die Autoren zum Schluss, dass der Ein- und Austrittsstoß die Hauptursache für die Geräuschanregung darstellt. In [FAA98] und [FAA98b] wird die Schwankung der Zahnsteifigkeit als zweite

Ursache benannt. Schrägverzahnte Getriebe zeigten hier keine signifikanten Unterschiede zu geradverzahnten. Dies ist unabhängig davon, ob sie eine ganzzahlige Überdeckung aufweisen oder nicht [WAL02b].

Die Arbeit [TSU91] widmet sich dem Zahnradwerkstoff. Untersucht wurden drei Polyamide mit verschiedenen *E*-Moduln. Als Ergebnis kann formuliert werden, dass die Getriebe umso leiser sind, je kleiner der *E*-Modul der Zahnräder ist. Weiche Werkstoffe führen bei Leistungsgetrieben aber zu einer Verringerung der Lebensdauer.

Offen sind derzeit noch die Fragen, ob es bei feinwerktechnischen Leistungsgetrieben aus Kunststoff Besonderheiten im Geräuschverhalten gibt und ob konstruktive Maßnahmen zu einer geringeren Geräuschanregung führen.

3 Präzisierte Aufgabenstellung

Feinwerktechnische Planetengetriebe aus Kunststoff sind meist als Bauform *AAI* ausgeführt. Auf Grund der kostenorientierten Fertigung in großen Stückzahlen und der kleinen Abmessungen der Verzahnung bestehen Restriktionen bezüglich der erreichbaren Toleranzen und der möglichen geometrischen Modifikationen. Dennoch steigen zunehmend die Forderungen nach geringer Geräuschemission und erhöhter Leistungsfähigkeit. Um diesen nachzukommen, ist die Kenntnis der Einflüsse von Verzahnungsgeometrie, Belastung und Toleranzen auf die Geräuschanregung notwendig. Für metallische Getriebe des Maschinenbaus mit Moduln $m \geq 1$ mm existieren umfangreiche Veröffentlichungen und Normen. Bei feinwerktechnischen Getrieben aus Kunststoff gibt es aktuell aber noch offene Fragen.

Getriebeeigenschaften wie Zahndeformationen, Eingriffsverhalten, Flanken- und Fußbelastungen sowie das Übertragungs- und Reibverhalten in Abhängigkeit der Verzahnungstoleranzen und der Betriebsparameter sind weitgehend unbekannt. Sie bilden aber die Grundlage der Geräuschanregungen und sind deshalb von Interesse. Zum Analysieren dieser offenen Punkte müssen zunächst die notwendigen Berechnungsmethoden erarbeitet und validiert werden. Dann ist es erforderlich, die Parameter, wie z. B. Drehmoment, Achsabstandstoleranz oder Umgebungstemperatur, auszuwählen, die entscheidenden Einfluss auf die genannten Getriebeeigenschaften haben und die deshalb Inhalt einer anschließenden Variantenanalyse sind. Des Weiteren ist der Einfluss von solchen Profilmodifikationen zu untersuchen, die sich für preiswerte feinwerktechnische Getriebe technologisch gut beherrschen lassen. Die gewonnenen Ergebnisse sind vergleichend für Außen- und Innenradpaare sowie für Gerad- und Schrägverzahnung darzustellen. Um die genannten Berechnungen im Rahmen der vorliegenden Arbeit sinnvoll einzugrenzen, sollen sie an beispielhaft gewählten Getrieben mit dem Modul $m = 0{,}25$ mm, der Verzahnungsqualität 8 und dem gängigen Zahnradwerkstoff POM durchgeführt werden.

Aus den theoretischen Betrachtungen sind Aussagen zur Geräuschemission abzuleiten. Im Mittelpunkt steht die Geräuschanregung an der Verzahnung. Die Schallübertragung und -abstrahlung ist stark abhängig von der Getriebekonstruktion und bleibt wegen dieser individuellen Gegebenheiten Gegenstand weiterführender Arbeiten. Anschließende experimentelle Untersuchungen haben das Ziel, den Einfluss der Getriebe- und Betriebsparameter auf die Geräuschentstehung messtechnisch zu erfassen und die vorher durchgeführten theoretischen Betrachtungen zu prüfen.

Die theoretisch und experimentell gewonnenen Erkenntnisse sollen abschließend in Gestaltungsrichtlinien für zur Leistungsübertragung geeignete geräuscharme feinwerktechnische Planetengetriebe aus Kunststoff zusammengefasst werden, darin eingebunden ein Algorithmus zum Modellieren und Berechnen des Zahneingriffsverhaltens.

4 Theoretische Untersuchungen

Ziel dieses Abschnittes ist es, die Eigenschaften von Getrieben sowohl mit genormten als auch mit geometrisch modifizierten Zahnprofilen theoretisch zu untersuchen, um daraus Richtlinien für die Optimierung des Geräuschverhaltens ableiten zu können. Die Getriebe sind so gewählt, dass sie die beiden Stirnradpaare einer *AAI*-Planetengetriebestufe repräsentieren. Einführend dazu werden die Besonderheiten feinwerktechnischer Verzahnungen, die im Rahmen dieser Arbeit entwickelten Berechnungsmethoden und deren Validierung dargestellt.

4.1 Besonderheiten feinwerktechnischer Verzahnungen

Die Spezifik feinwerktechnischer Verzahnungen wird deutlich, wenn man die Toleranzen detaillierter betrachtet. Die nachfolgenden Ausführungen sind für die Verzahnungsqualität 8 aufbereitet. Diese wurde gewählt, weil kostenoptimierte Getriebe, bei denen keine Nachbearbeitung der Verzahnung erfolgt, im Mittelpunkt der Analysen stehen und diese Qualität einen üblichen Grenzwert darstellt (s. auch Kapitel 5.4.1 und Anhang 2).

Die Teilungs-Einzelabweichung hat einen signifikanten Einfluss auf das Eingriffsverhalten einer Zahnradstufe. Sie wird deshalb genauer untersucht. Die Abbildung 8 zeigt die zulässige Abweichung relativ zur Teilung für verschiedene Moduln. Zu erkennen ist ein starker Anstieg für Moduln $m < 1$ mm. Hier liegen die im Vergleich zu den Abmessungen der Verzahnung relativ großen Toleranzen, im weiteren kurz als relative Toleranzen bezeichnet, bei 1 bis 5 %, während für Verzahnungen des Maschinenbaus mit Moduln $m \geq 1$ mm erheblich geringere Werte von 0,1 bis 0,4 % erreicht werden.

Bei Getrieben aus Kunststoff kommt die bereits erwähnte große Verformung des Zahnkopfes in Umfangsrichtung unter Last hinzu. Für deren Maximalwert sind in der Literatur zwei Berechnungen zu finden. Für gleiche Getriebe und identische Betriebsparameter erhält man nach [ERH85] um den Faktor 2,25 höhere Verformungen als nach [KRA93].

Im Betriebszustand addieren sich die Teilungs-Einzelabweichungen und die Zahnverformungen. Im ungünstigsten Fall ergeben sich bei feinwerktechnischen Verzahnungen für diese realen Abweichungen der einzelnen Teilungen unter Last in Relation zum Nennwert der Teilung Werte von

- ca. 2 ... 10 % nach [KRA93] und
- ca. 3 ... 15 % nach [ERH85].

Diese Darstellung zeigt, dass der Einfluss der Toleranzen auf das Betriebsverhalten für Getriebe in diesem Modulbereich nicht zu vernachlässigen ist und dass bekannte Erkenntnisse aus dem Maschinenbau nicht ungeprüft übernommen werden können.

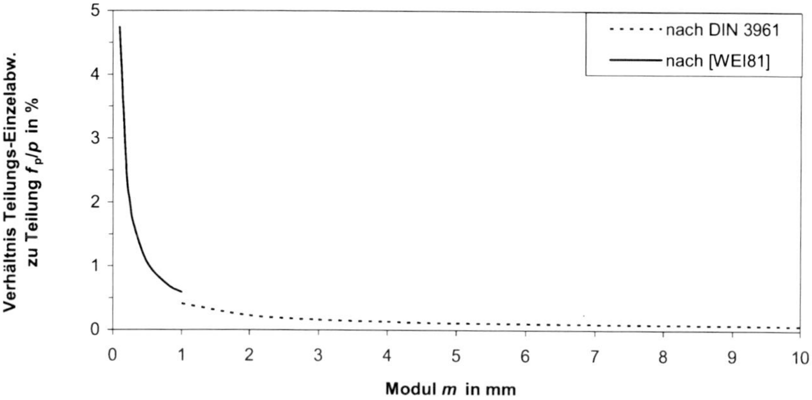

Abbildung 8: Relative Teilungs-Einzelabweichung für verschiedene Moduln, Verzahnungsqualität 8 (DIN 3961 gültig für m = 1 bis 70 mm / [WEI81] gültig für m < 1 mm)

4.2 Getriebeanalyse mittels FEM

Die theoretischen Untersuchungen haben zum Ziel, in Abhängigkeit von der Belastung, den Toleranzen, der Verzahnungsgeometrie, der Stellung der Getriebeelemente zueinander und ausgewählten Umgebungsbedingungen die Getriebeeigenschaften

- Eingriffsverhalten,
- Zahnverformung,
- Flankenpressung,
- Zahnfußspannung,
- Übertragungsverhalten und
- Reibarbeit

zu berechnen, um mit den Ergebnissen im nachfolgenden Kapitel dann das Geräuschverhalten untersuchen und optimieren zu können. Analytische Methoden sind dafür nur sehr bedingt bzw. nicht anwendbar, so dass Simulationsverfahren eingesetzt werden müssen. Die Finite Elemente Methode (FEM) eignet sich für diese Problemstellungen optimal.

4.2.1 Modellierung

Aufbau des Simulationsmodells

Bei Simulationen ist es im Allgemeinen wünschenswert, den Modellierungs- und vor allem den Rechenaufwand zu minimieren. Deshalb werden zunächst die zulässigen Vereinfachungen beschrieben.

Die Berechnung einer gesamten *AAI*-Planetenstufe ist nicht sinnvoll, da sich diese in einzelne Zahnradpaare zerlegen lässt. Die Simulation wird deshalb mit jeweils separaten Modellen getrennt für eine Außen- und eine Innenradpaare durchgeführt.

Der nächste Schritt der Vereinfachung ist das Betrachten als ebener Spannungs- oder ebener Verzerrungszustand, also die Abbildung des realen dreidimensionalen Getriebes (nachfolgend 3D genannt) in die zweidimensionale Fläche (nachfolgend 2D genannt, Abbildung 9). Der Einfluss der Radbreite ist zu vernachlässigen, da alle Belastungen und Deformationen über die Breite als konstant betrachtet werden können. Dies ist aber nur bei Geradverzahnung zulässig. Schrägverzahnte Getriebe lassen sich nicht auf diese Weise vereinfachen, weshalb sie 3D zu simulieren sind (Abbildung 10). Dadurch erhöht sich der Rechenaufwand deutlich um den Faktor 10 bis 30.

Sowohl im 2D- als auch im 3D-Modell ist zu sehen, dass nicht die kompletten Zahnräder modelliert sind. Es müssen nur so viele Zähne abgebildet werden, wie während des Simulationsablaufs in Eingriff kommen.

Neben den genannten Vereinfachungen ist die Vernetzung der Zahnräder entscheidend für die Qualität der Berechnungsergebnisse. An der Zahnflanke, die in Eingriff kommt, muss das Netz so fein sein, dass die Kontaktgrößen, hervorgerufen durch die Hertzsche Pressung, realitätsnah berechnet werden. Durchgeführte Voruntersuchungen mit unterschiedlichen Vernetzungen haben gezeigt, dass die Kantenlänge der Oberflächenelemente bei den hier berechneten Rädern im Bereich von ca. 2 µm liegen sollte. Die nicht in Eingriff kommende Zahnflanke kann deutlich gröber vernetzt werden.

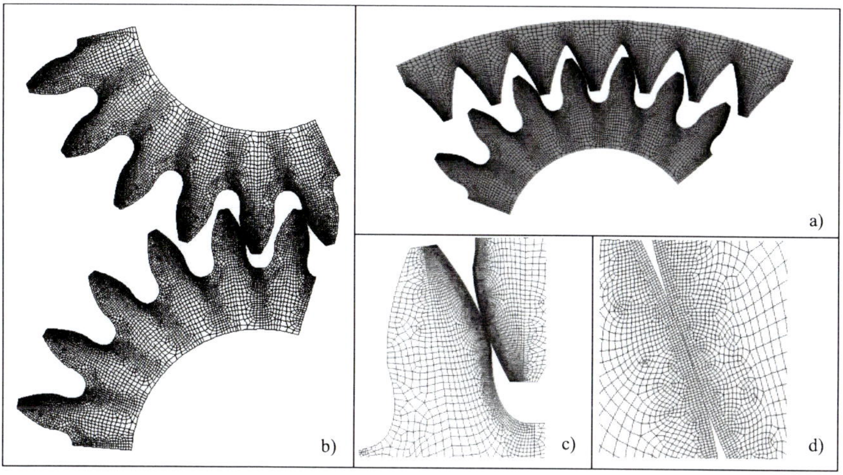

Abbildung 9: 2D-FE-Modell für Geradverzahnungen
a) innenverzahntes und b) außenverzahntes Radpaar,
c) und d) Detailansichten des Zahneingriffs

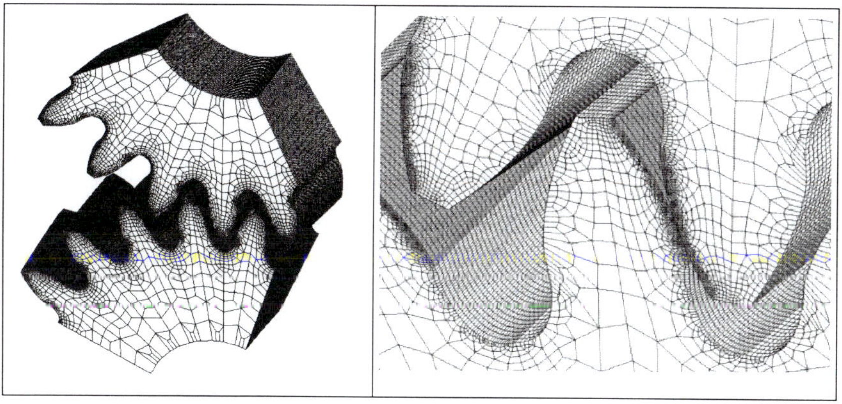

Abbildung 10: 3D-FE-Modell für Schrägverzahnungen

Randbedingungen

Bei den Randbedingungen (Abbildung 11) sind keine Vereinfachungen oder Anpassungen notwendig. Sie spiegeln die Realität wider. In den Mittelpunkten der Räder werden Masterknoten angelegt. Diese steuern die zugehörigen Slaveknoten, welche sich auf den jeweiligen Bohrungsflächen befinden. Beide Räder werden in ihren Mittelpunkten (Masterknoten) gegen Verschieben in x- und y-Richtung (beim 3D-Modell zusätzlich in

z-Richtung) festgehalten. Der Abtrieb kann sich um seine Radachse frei drehen und ist mit dem Abtriebsdrehmoment M_{Ab} entgegen der Drehrichtung belastet. Die Winkelposition φ_{An} am Antrieb wird vorgegeben. Die Zahnflanken beider Räder sind mit Kontaktelementen belegt, so dass die Zähne in der Simulation kämmen können. Diese Kontakte stellen in einer FE-Analyse nichtlineare Randbedingungen dar.

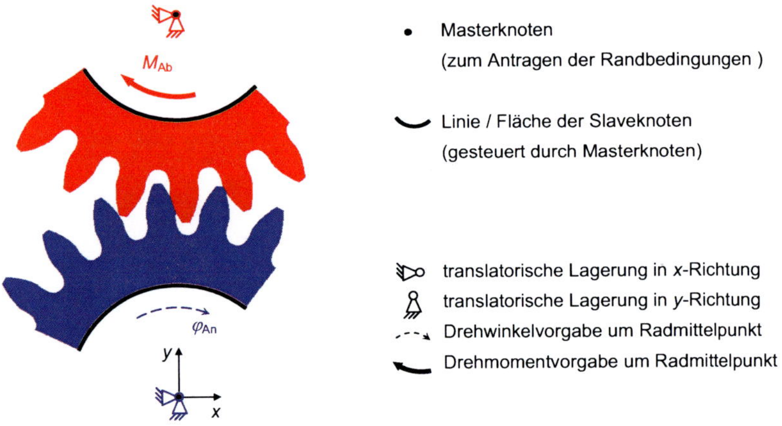

Abbildung 11: Randbedingungen der FE-Analyse

Simulationsablauf

Die Berechnung erfolgt durch ein sequentielles Drehen des Antriebsrades in kleinen Winkelinkrementen $\Delta\varphi_{\mathrm{An}}$. Bei Voruntersuchungen ergab sich, dass die Ergebnisse von einem Zahnpaar gewonnen werden müssen, welches erst während der Simulation in Eingriff kommt. Andernfalls entstehen teilweise erhebliche Fehler, weil die Gleitwälzbewegung im Kontaktbereich zweier ineinander eingreifender Zahnflanken eine entscheidende Bedeutung auf das Eingriffsverhalten hat. Dieses aus der Praxis bekannte und im Weiteren als Einlaufvorgang bezeichnete Verhalten muss auch in der Simulation abgebildet werden. Hieraus ergibt sich die minimale Anzahl der zu modellierenden Zähne pro Rad. Die Abbildung 12 zeigt wichtige Stufen der Simulation. Das Zahnpaar, dessen Eingriff für die Ergebnisauswertung genutzt wird, ist mit Punkten markiert.

Der beschriebene Simulationsablauf ist zeitlich sehr aufwendig, da für jeden Getriebe- und Betriebsparameter der Einlaufprozess berechnet werden muss. Hinzu kommt, dass durch den

Kontaktbereich im Modell und die verwendeten Werkstoffkennwerte die Simulation mehrfach nichtlinear ist, was den Aufwand weiter erhöht.

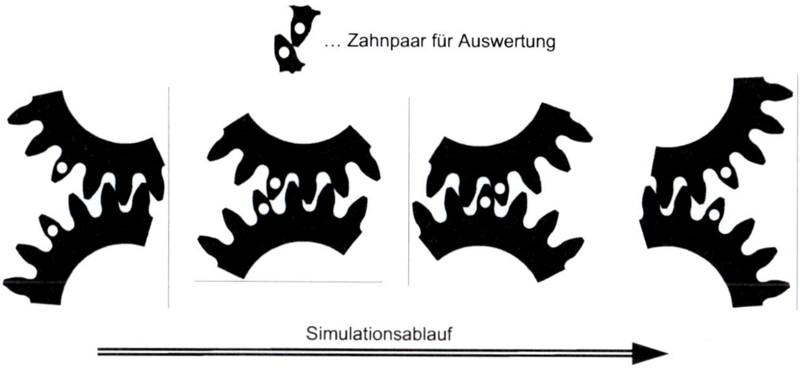

Abbildung 12: Ablauf der FE-Analyse

4.2.2 Validierung des FE-Modells

Bevor das FE-Modell für eine Analyse genutzt werden kann, muss ein Abgleich mit der Realität erfolgen. Diese Validierung zeigt, ob die gewählten Vereinfachungen, die Vernetzungsgüte, die Randbedingungen und der Simulationsablauf zulässig sind. Als Validierungsparameter eignen sich alle Ergebnisgrößen der Simulation, die an Getrieben gemessen werden können. Für das vorliegende FE-Modell sind nur der Kontaktdruck und lokale Deformationen an den im Eingriff befindlichen Zähnen überhaupt messtechnisch erfassbar. Zum Einen gibt es dafür drucksensitive Folien, die auf der Zahnflanke angebracht werden könnten und die durch irreversible Verfärbung den maximal wirkenden Druck anzeigen. Allerdings ist die Auflösung solcher Folien zu gering und das Einbringen zwischen zwei Zahnflanken verändert das Kontaktverhalten durch deren Dicke und Werkstoff so stark, dass es nicht mehr der Realität entspricht. Zum Anderen ist für Zahnriemengetriebe aus [FRA03] bekannt, dass die lokalen Zahndeformationen im eingezahnten und belasteten Zustand an der Stirnseite der Räder gemessen werden können. Auf Grund der sehr kleinen Abmessungen der hier betrachteten Zahnräder und der geringen zu erwartenden lokalen Zahndeformationen (im einstelligen µm-Bereich) bietet auch dieses Messverfahren nicht die notwendige Auflösung.

Die Validierung muss deshalb indirekt an metallischen Zahnradgetrieben erfolgen. Deren mechanisches Verhalten bei unterschiedlichen Betriebszuständen ist sehr gut erforscht, und es liegen umfangreiche Veröffentlichungen sowie Normen vor. Mit dem erstellten FE-Modell werden Getriebe aus Stahl simuliert und die Ergebnisse, wie Flankenpressung und Zahnfußspannung, mit gültigen Normen zur Tragfähigkeitsberechnung verglichen.

Es zeigt sich eine recht gute Übereinstimmung der Simulation mit den hier nicht näher dargestellten Ergebnissen aus diesen genormten Berechnungsverfahren, womit das Modell als realitätsnah einzuschätzen ist. Zu beachten ist aber, dass der bereits beschriebene Einlaufvorgang in der FE-Analyse abgeschlossen sein muss, bevor mit der Auswertung begonnen werden kann.

4.3 Analysierte Getriebevarianten

Im Mittelpunkt dieser Arbeit stehen Planetengetriebe, weshalb sich die Auswahl der zu untersuchenden Zahnradpaare an diesen orientieren. Typische feinwerktechnische Planetenstufen haben eine Übersetzung von $i = 3$ bis 4. Das Außenradpaar ist oft so ausgeführt, dass Sonnen- und Planetenrad ähnliche oder sogar gleiche Zähnezahlen haben. Bei dem Innenradpaare unterscheidet sich die Anzahl der Zähne von Hohl- und Planetenrad somit um den Faktor 2 bis 3. Die wichtigsten Parameter sind in Tabelle 4.1 zu sehen. Die Dimensionierung aller Räder erfolgt nach [KRA93], weil dies in der Praxis breite Anwendung findet. Die Räder werden so ausgelegt, dass die Belastung an ihrer zulässigen Grenze liegt.

Tabelle 4.1: Daten der zu analysierenden Zahnradpaare

Parameter	**Zeichen**	**Verzahnung der Radpaare**		
		gerade, außen	**schräg, außen**	**gerade, innen**
Bezugsprofil		DIN 58400		
Normalmodul	m_n	0,25 mm		
Normaleingriffswinkel	α_n	20°		
Schrägungswinkel	β	0°	15°	0°
Breite	b	3,0 mm		
Zähnezahl	z	$z_{An} = z_{Ab} = 21$		$z_{An} = 21$; $z_{Ab} = -53$
Werkstoff		Polyoxymethylen (POM), Hostaform C9021		

Die Anzahl der Toleranzen und Betriebsparameter einer Zahnradpaarung ist sehr groß, so dass diese für die Variantenanalyse im Rahmen dieser Arbeit eingegrenzt werden müssen. Nachfolgend sind die untersuchten Parameter aufgelistet:

- Teilungs-Einzelabweichung f_p
  Auf Grund des großen Einflusses der Teilungs-Einzelabweichung auf das Eingriffsverhalten und damit auf Verschleiß und Geräuschemission wird diese detaillierter untersucht. Zum Einen werden Radpaare ohne Toleranz und zum Anderen solche mit der ungünstigsten Toleranzsituation (Rad A mit f_p = max, Rad B mit f_p = min) analysiert.
- Achsabstandstoleranz A_a
  Neben den Abweichungen der Verzahnung soll die Auswirkung der Lage der Räder zueinander untersucht werden. Diese wird durch die Achsabstandstoleranz A_a, eine Gehäusetoleranz, beschrieben.
- Drehmoment
  Die Getriebe werden für Nennlast dimensioniert, wogegen im Einsatz oft ein Belastungskollektiv mit zum Teil deutlich kleineren Werten wirkt. Es ist zu klären, ob und wie sich das Verhalten der Zahnradpaarung in Abhängigkeit der Belastung ändert. Dies interessiert vor allem für modifizierte Zahnprofile, da sie in der Regel für Nennlast optimiert sind. Neben Simulationen mit Nennlast werden deshalb auch Berechnungen mit 50 und 10 % derselben durchgeführt.
- Kopfrücknahme
  Eingriffsstörungen sind vor allem durch die im Vergleich zu den Abmessungen der Verzahnung großen relativen Teilungs-Einzelabweichungen und die lastabhängigen Verformungen der Zähne in Umfangsrichtung zu erwarten. Diese können prinzipiell durch gezielte Flankenmodifikationen, wie Kopf- und Fußrücknahme, Breitenballigkeit sowie Kombinationen dieser, positiv beeinflusst werden. Für feinwerktechnische Zahnräder, die man durch Spritzguss in großen Stückzahlen herstellt, wird aber nur eine einfache Kopfrücknahme als technologisch realisierbar angesehen. Deshalb beschränken sich die Analysen auf diese Modifikation.
- Umgebungstemperatur
  Ein wichtiger Betriebsparameter ist die Umgebungstemperatur. Sie beeinflusst die Festigkeit der verwendeten Kunststoffe merklich und führt durch die thermische

Ausdehnung derselben zu deutlichen Änderungen der Abmessungen, die nicht vernachlässigt werden können.

- Luftfeuchte
  Durch das Quellen bei erhöhter Luftfeuchte oder beim Einsatz in Wasser dehnen sich Kunststoffe aus, und es ändert sich deren Festigkeit. Die Auswirkungen dieser Parameter sind zu untersuchen.

Die Parametersätze aller simulierten Varianten sind Anhang 1 zu entnehmen. Zum eindeutigen Unterscheiden der Varianten werden deren Bezeichnungen im Folgenden entsprechend den Tabellen A.1 bis A.4 (Anhang 1) verwendet. Dabei gelten die Abkürzungen nach Tabelle 4.2. Die Profilmodifikation erfolgt durch Kopfrundung sowie durch Kopfrücknahme und ist in Anhang 1, Abbildung A.1 dargestellt.

Tabelle 4.2: Abkürzungen für die zu analysierenden Zahnradpaare

Abkürzung	Bezeichnung
gv	geradverzahntes Radpaar
mgv	modifiziertes Profil, geradverzahntes Radpaar
sv	schrägverzahntes Radpaar
msv	modifiziertes Profil, schrägverzahntes Radpaar
iv	innenverzahntes Radpaar
miv	modifiziertes Profil, innenverzahntes Radpaar

4.4 Simulationsergebnisse geradverzahnter Stirnradpaare

Dieses Kapitel stellt die Ergebnisse der FE-Analyse für geradverzahnte Stirnradpaarungen detailliert vor. Dabei liegen die Schwerpunkte auf dem Eingriffsverhalten, der Zahnverformung, der Flankenpressung und der Zahnfußspannung. Weiterhin werden das Übertragungsverhalten und die Reibarbeit untersucht.

4.4.1 Eingriffsverhalten

Entsprechend den verzahnungstechnischen Grundlagen (s. Kapitel 2.4.1) berühren sich die beiden Zahnflanken bei Vernachlässigung der Radbreite theoretisch in einem Punkt, der sich vom Eingriffsbeginn bis zum Auszahnen entlang der Eingriffslinie bewegt. Diese Annahme entspricht gut dem Verhalten metallischer Getriebe. Die FE-Analysen der Zahnradpaare aus Kunststoff zeigen unter Last aber eine deutliche Deformation des Kontaktbereiches, wodurch entlang der Flanke eine Berührung entsprechend Abbildung 13a entsteht. Die in dieser Abbildung markierte Berührungslänge beträgt bei Nennlast 15 bis 20 % der Zahnhöhe. Über einen gesamten Zahneingriff betrachtet ergeben die Berührungslängen einen Eingriffsverlauf wie in Abbildung 13b dargestellt.

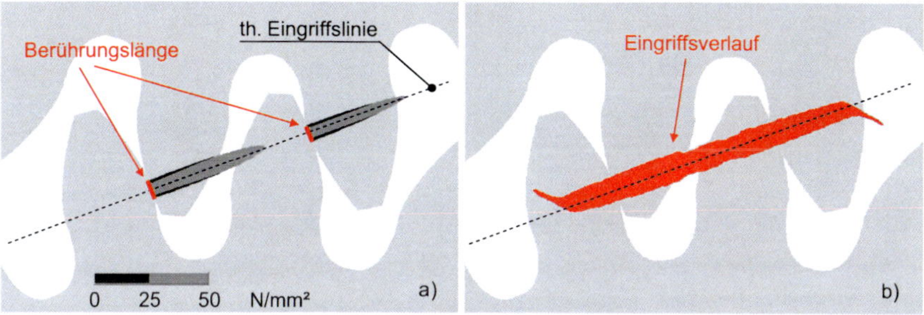

Abbildung 13: Eingriffsverhalten eines geradverzahnten Stirnradpaares unter Last
a) Flächenpressung über der Zahnflanke mit zugehöriger Berührungslänge
b) Eingriffsverlauf

Das Diagramm in Abbildung 14 zeigt die Eingriffsverläufe für die Varianten mit Nennlast. Da sich die Verläufe grafisch überschneiden, aber dennoch eine gute Erkennbarkeit zu gewährleisten ist, stellen die geschlossenen Kurven nur deren Umrandungen dar. Zum Vergleich ist das Eingriffsverhalten eines Getriebes aus Stahl (gv1) zu sehen. Der Verlauf entspricht gut der theoretischen Eingriffslinie $\overline{AE}$, wird durch die beiden Kopfkreise begrenzt und hat keine Eingriffsstörungen. Dagegen weist ein Zahnradpaar aus POM (gv2) bereits bei einer Zahngeometrie ohne Toleranzen einen deutlichen Kopfkanteneingriff beim Ein- und Auszahnen auf. Dieser entsteht durch die großen Zahndeformationen und beginnt im Punkt A_1. Der Zahnkopf des Antriebsrades gleitet bis zum Punkt A auf der Gegenflanke, was zu erhöhtem Verschleiß und größerer Geräuschemission sowie zu Übersetzungsschwankungen führt. Das Auszahnen zeigt ein ähnliches Verhalten. Hier findet der Kopfkanteneingriff auf der Strecke $\overline{EE_1}$ statt. Wird ein treibendes Rad mit maximaler und ein getriebenes Rad mit minimaler Teilungs-Einzelabweichung gepaart (gv3), kommen die Zahnflanken erst deutlich später in Kontakt. Dafür vergrößert sich der Kopfkanteneingriff $\overline{EE_2}$ beim Auszahnen signifikant. Bei Zahnrädern mit entgegengesetzter Toleranzsituation (gv4) tritt diese starke

Eingriffsstörung $\overline{A_2A}$ beim Einzahnen auf. Die beiden gestrichelten Kurven stellen die Ergebnisse der Zahnradpaare mit Kopfrücknahme dar. Sowohl für die Variante ohne Toleranzen (mgv2), als auch für die mit den ungünstigsten Teilungs-Einzelabweichungen (mgv3) führt diese Profilmodifikation zum Vermeiden des Kopfkanteneingriffs. Durch die im Kopfbereich von einer Evolvente abweichende Flankengeometrie (s. Anhang 1) kommt es zum leichten Abknicken des Eingriffsverlaufs beim Ein- und Auszahnen. Der mögliche Einfluss auf das Übertragungsverhalten wird in Kapitel 4.4.5 näher beschrieben.

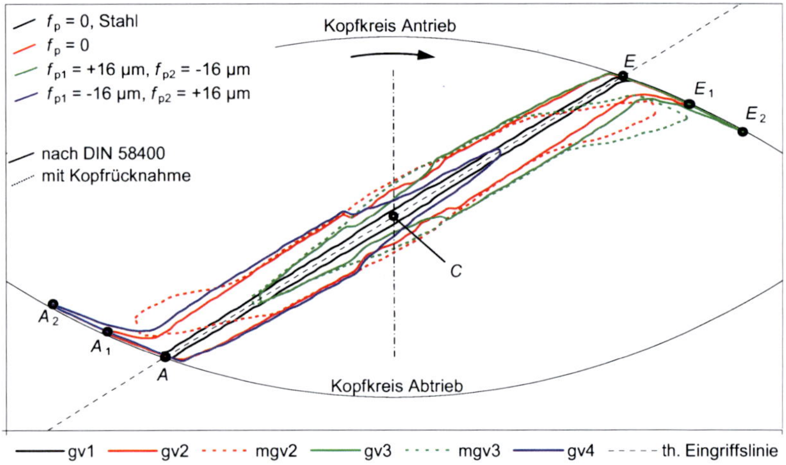

Abbildung 14: Eingriffsverhalten eines geradverzahnten Stirnradpaaes bei Nennlast für unterschiedliche Profilgeometrien und Teilungs-Einzelabweichungen
$\overline{AE}$ Eingriffsstrecke mit kinematisch exaktem evolventischem Eingriff; C Wälzpunkt;
A_1 Beginn und E_1 Ende des Kopfkanteneingriffs in Folge Zahndeformation;
A_2 Beginn und E_2 Ende des Kopfkanteneingriffs in Folge Zahndeformation und Teilungs-Einzelabweichungen

Zahnradgetriebe werden in der Regel für eine Nennbelastung ausgelegt, die der Maximalbelastung entspricht. Meist wirken im Betrieb aber Belastungskollektive, die auch deutlich kleinere Lasten beinhalten. Es ist deshalb von Interesse, das Eingriffsverhalten bei unterschiedlichen Lasten zu analysieren. Die Abbildung 15 zeigt die Eingriffsverläufe für ideale Zahnradpaare, d. h. alle Toleranzen bleiben unberücksichtigt. Dabei sind Verzahnungen nach DIN 58400 sowohl ohne (gv2 gv10 gv13) als auch mit Kopfrücknahme (mgv2 mgv10 mgv13) zu sehen. Wie erwartet, werden die Eingriffsverläufe mit abnehmender Belastung schmaler und der Kopfkanteneingriff geht zurück. Allerdings ist dieser bei 10 %

der Nennbelastung immer noch vorhanden. Werden die Teilungs-Einzelabweichungen mit in die Untersuchungen einbezogen (Abbildung 16), verringert sich der Kopfkanteneingriff bei den Radpaaren ohne Profilmodifikation (gv3 gv11 gv14) mit kleiner werdender Last nur minimal. Kommen toleranzbehaftete Zahnpaare in Eingriff, wird es unabhängig vom aktuell wirkenden Drehmoment zu deutlichen Eingriffsstörungen kommen. Die Ergebnisse der Berechnungen mit Kopfrücknahme (mgv3 mgv11 mgv13) zeigen aber, dass dieses Problem dadurch minimiert bzw. sogar meist eliminiert werden kann. Dies gilt unabhängig von den Teilungs-Einzelabweichungen.

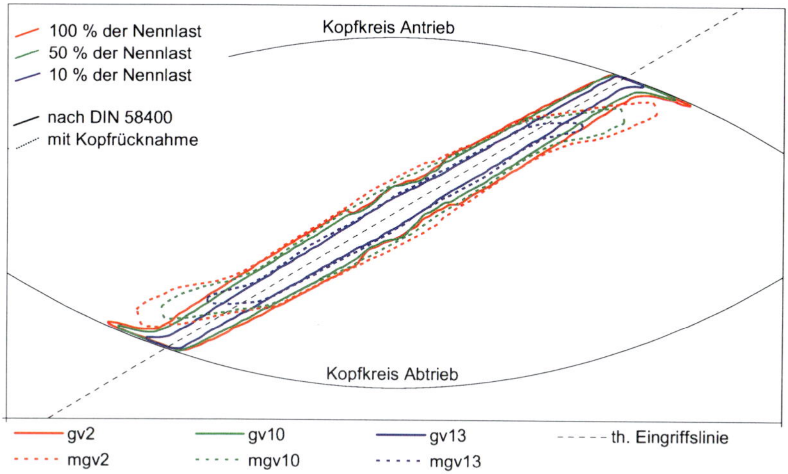

Abbildung 15: Eingriffsverhalten eines geradverzahnten Stirnradpaares für Verzahnungen mit $f_p = 0$ µm und unterschiedlichen Belastungen

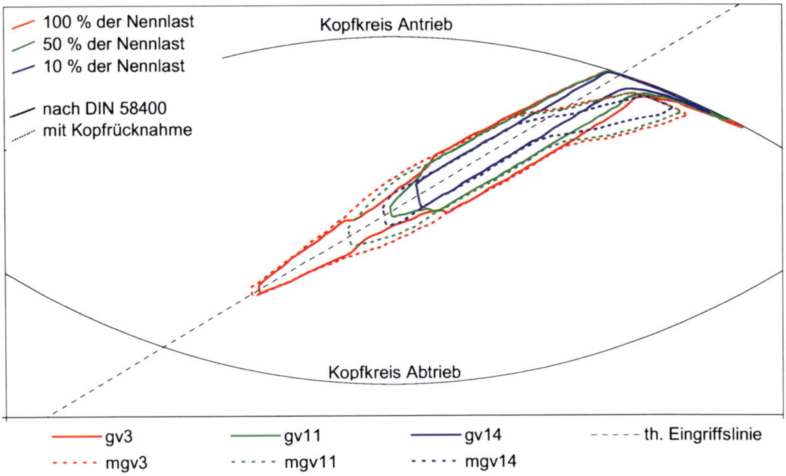

Abbildung 16: Eingriffsverhalten eines geradverzahnten Stirnradpaares für Verzahnungen mit f_{p1} = +16 µm, f_{p2} = -16 µm und unterschiedlichen Belastungen

4.4.2 Verformung am Zahnkopf

Auf Grund des geringeren *E*-Moduls zeigen Zahnräder aus Kunststoff deutlich größere Verformungen als metallische Räder. Dies wirkt sich auf das Eingriffsverhalten wie eine Teilungsabweichung aus. In der Literatur ist für die Verformung des Zahnkopfs in Umfangsrichtung ein Richtwert $\lambda = 0{,}1 \cdot m$ angegeben, der nicht überschritten werden sollte. Andernfalls kommt es in Folge von Eingriffsstößen zu erhöhtem Laufgeräusch und zum Überschreiten der zulässigen Zahnfußspannung.

In Abbildung 17 ist der Verlauf der Verformung λ über dem Drehwinkel des Antriebsrades zu sehen. Ein Zahnradpaar aus Stahl (gv1) zeigt nur minimale Deformationen. Die Zähne der Variante aus Kunststoff ohne Teilungs-Einzelabweichung (gv2) werden maximal um $\lambda = 16$ µm verformt. Für das modifizierte Zahnprofil (mgv2) verändert sich der Verlauf geringfügig, und der Höchstwert steigt bis auf $\lambda = 21$ µm an. Die beiden Getriebe mit Teilungs-Einzelabweichungen (gv3, mgv3) erreichen ihr Maximum erst am Ende des Zahneingriffs und werden doppelt so stark verformt wie das Getriebe ohne Teilungsabweichung.

Die toleranzfreien Zahnradpaare (gv2, mgv2) erfüllen damit den Richtwert, die beiden toleranzbehafteten Varianten nicht. Beim Vergleich des Eingriffsverhaltens (s. Kapitel 4.4.1)

ist jedoch zu erkennen, dass nur die beiden Getriebe mit genormten Zahnprofilen deutlichen Kopfkanteneingriff zeigen. Durch die Kopfrücknahme bei den modifizierten Profilen wird die Teilungsabweichung korrigiert, und die Zähne greifen auch bei höheren Verformungen immer noch störungsfrei ein.

Im Diagramm in Abbildung 17 sind zusätzlich die Ergebnisse der beiden analytischen Berechnungen nach [KRA93] und [ERH85] dargestellt. Da diese auf toleranzfreien Getrieben beruhen, entsprechen sie der gv2-Kennlinie. Die maximale Verformung nach [KRA93] korreliert dabei gut mit dem Simulationsergebnis, wogegen nach [ERH85] deutlich zu große Werte ermittelt werden.

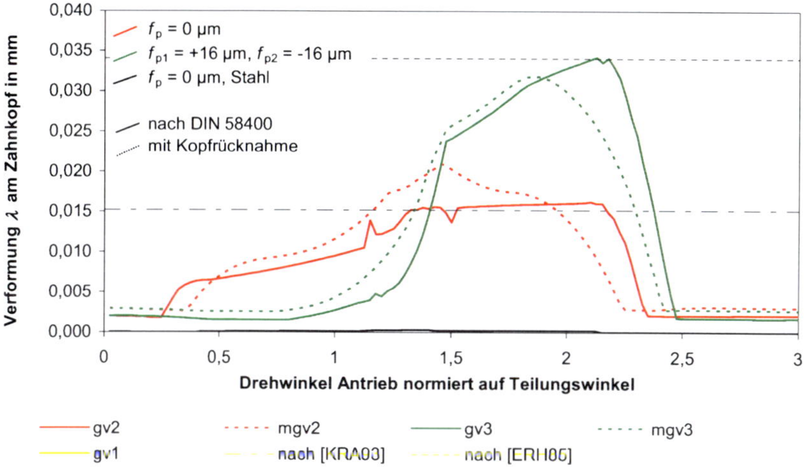

Abbildung 17: Verformung λ am Zahnkopf in Umfangsrichtung eines geradverzahnten Stirnradpaares für unterschiedliche Profilgeometrien und Teilungs-Einzelabweichungen

4.4.3 Flankenpressung

Vergleichend zu den Kunststoffgetrieben ist in Abbildung 18 der Verlauf der Flankenpressung über dem Drehwinkel eines Zahnradpaares aus Stahl (gv1) dargestellt. Die Kennlinie zeigt den typischen aus der Literatur bekannten Verlauf. Das Plateau im mittleren Teil ist auf den Einzeleingriff zurückzuführen, während davor und danach je zwei Zahnpaare kämmen. Innerhalb dieser drei Bereiche verläuft die Flankenpressung jeweils nahezu konstant. Im Gegensatz dazu zeigt das Getriebe aus Kunststoff (gv2) markante Maximalwerte am Anfang und Ende. Diese resultieren aus den Kopfkanteneingriffen und überschreiten den zulässigen Wert der Flächenpressung für den Werkstoff POM. Auch gibt es keinen Einzeleingriff, weshalb die Erhöhung in der Mitte der Kennlinie entfällt. Das Getriebe mit maximaler Teilungs-Einzelabweichung (gv3) zahnt später und ohne große Pressung ein, weist aber beim Auszahnen Werte auf, die deutlich im unzulässigen Bereich liegen. Würde eine solche Toleranzkonstellation auftreten, käme es schnell zu erheblichem Verschleiß bzw. zu Funktionsstörungen des Getriebes. Die Kopfrücknahme (mgv2, mgv3) verhindert den Kopfkanteneingriff und senkt somit die Flankenpressung deutlich. Der zulässige Werkstoffkennwert wird dadurch auch bei ungünstiger Toleranzsituation eingehalten.

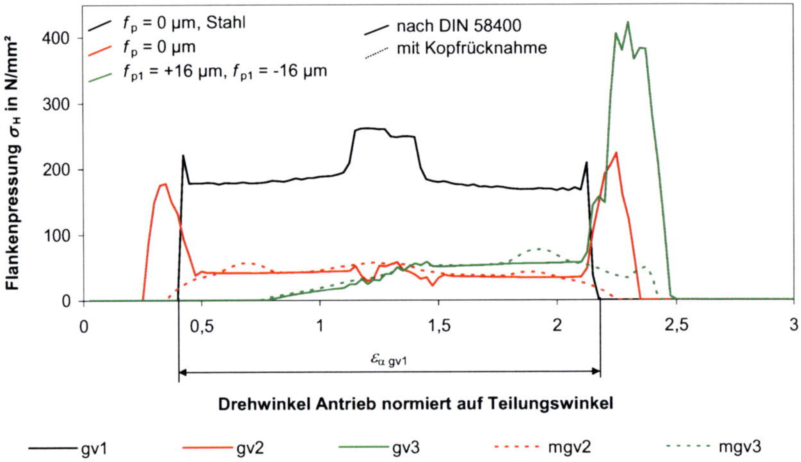

Abbildung 18: Flankenpressung σ_H eines geradverzahnten Stirnradpaares für unterschiedliche Profilgeometrien und Teilungs-Einzelabweichungen

Durch das Normieren der Abszisse auf den Teilungswinkel kann in den Diagrammen die tatsächliche Profilüberdeckung ε_α abgelesen werden. Diese ist auf Grund von Toleranzen und der Verformung größer als die theoretische nach Gl. (2.3). In Abbildung 18 ist sie beispielhaft für ein Zahnradpaar aus Stahl eingezeichnet. Im Vergleich zu dieser sind die Kunststoffräder (gv2) durch die größere Verformung deutlich länger im Eingriff. Die Kopfrücknahme bei denselben (mgv2) verringert die Überdeckung. Das Zahnpaar kommt sowohl später in als auch früher außer Kontakt. Werden zwei Räder mit maximalen Teilungs-Einzelabweichungen gepaart, verkürzt sich die Profilüberdeckung erheblich, wenngleich auch hierfür das zweite Verzahnungsgesetz nicht verletzt wird. Vergleicht man die genormte (gv3) mit der modifizierten (mgv3) Profilgeometrie, fällt auf, dass beide Varianten gleich in Eingriff kommen. Beim Auszahnen sind dagegen Unterschiede zu erkennen, weil der Flankenbereich mit Kopfrücknahme in Kontakt kommt.

In Abbildung 19 ist die Flankenpressung für Getriebe mit halber Nennlast dargestellt. Zu erwarten wäre eine deutliche Reduzierung der Werte. Die toleranzfreie und die profilmodifizierten Varianten (gv10, mgv10, mgv11) entsprechen dem gut. Die Verläufe folgen qualitativ denen in Abbildung 18 und sind ca. um den Faktor zwei kleiner. Eine Ausnahme stellt das toleranzbehaftete Radpaar (gv11) dar. Die durch den sehr großen Kopfkanteneingriff entstehenden Spitzenwerte beim Auszahnen verringern sich nur minimal.

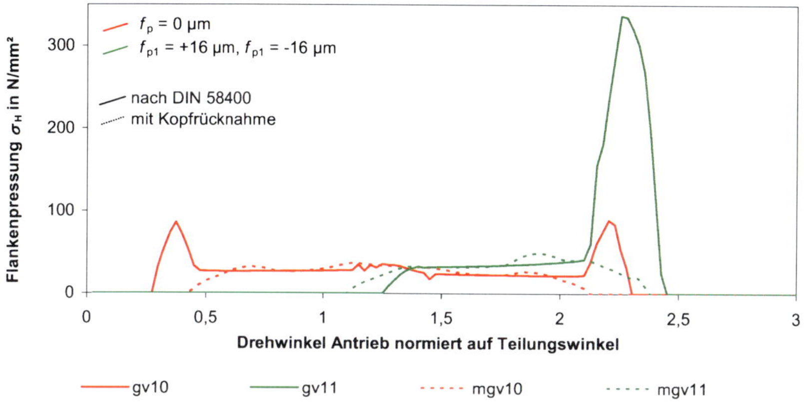

Abbildung 19: Flankenpressung σ_H eines geradverzahnten Stirnradpaares für 50 % Nennlast

Kopfrücknahmen erfolgen bei feinwerktechnischen Zahnradgetrieben aus Kunststoff derzeit eher selten. In der Praxis werden aber oft Radien am Zahnkopf ausgeführt. Diese sollen dem störenden Kopfkanteneingriff ebenfalls entgegen wirken. Das Diagramm in Abbildung 20 zeigt die Kennlinien für Zahnradpaare ohne (gv2) und mit zwei verschiedenen Kopfrundungen (gv2 R = 10, gv2 R = 20) sowie für das modifizierte Profil (mgv2). Während beim Einzahnen nur moderate Verbesserungen durch die Radien erkennbar sind, werden die Pressungsspitzen beim Auszahnen merklich gesenkt. Die Variante mit Kopfrücknahme (mgv2) verkleinert aber die Werte nochmals signifikant.

Die Abbildung 21 zeigt die Variation der Achsabstandstoleranz A_a. Dargestellt sind das genormte und das modifizierte Zahnprofil jeweils ideal (gv2, mgv2) sowie mit minimaler (gv5, mgv5) und maximaler (gv6, mgv6) Abweichung. Innerhalb dieser Grenzen gibt es keine erkennbaren Auswirkungen einer Achsabstandstoleranz.

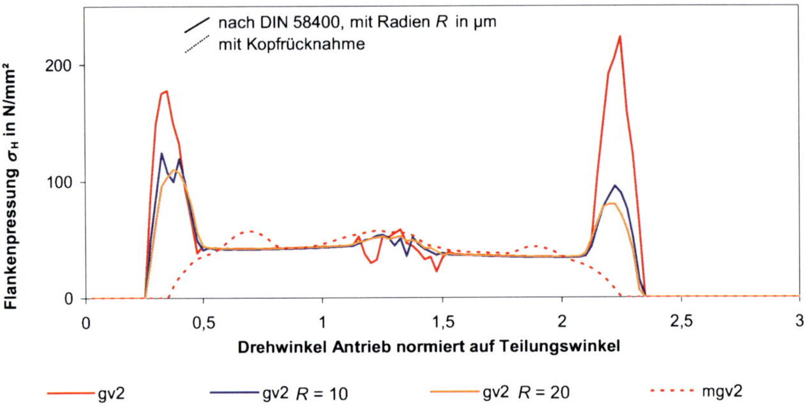

Abbildung 20: Flankenpressung σ_H eines geradverzahnten Stirnradpaares für unterschiedliche Radien an der Kopfkante

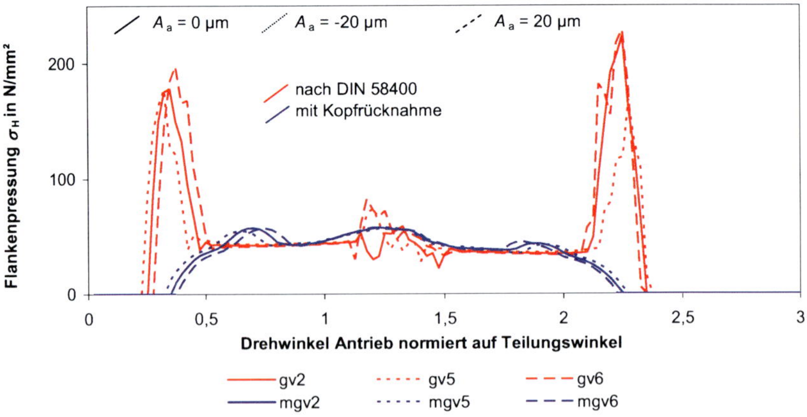

Abbildung 21: Flankenpressung σ_H eines geradverzahnten Stirnradpaares für unterschiedliche Achsabstandstoleranzen A_a

4.4.4 Zahnfußspannung

Neben der Flankenpressung stellt die Zahnfußspannung den zweiten wichtigen Parameter für die Dimensionierung von Zahnrädern dar. Die nachfolgenden Diagramme veranschaulichen deren Verlauf über dem Drehwinkel des Antriebs. Als Referenz ist dieser für ein toleranzfreies Radpaar aus Stahl in Abbildung 22 zu sehen (gv1). Man erkennt wieder den Doppeleingriff im vorderen und hinteren Teil der Kennlinie sowie den Einzeleingriff in der Mitte. Auch die bereits erwähnte größere Profilüberdeckung der Zahnradpaare aus Kunststoff wird gut verdeutlicht. Vergleicht man die beiden Radpaare ohne Toleranzen (gv2, mgv2), so fällt auf, dass bei den genormten Profilen geringere Spannungen auftreten. Dies ist durch die größere Verformung zu erklären (s. Abbildung 17). Die höchsten Belastungen des Zahnfußes treten bei den Varianten mit maximalen Teilungs-Einzelabweichungen auf (gv3, mgv3). Dabei ändert sich der Verlauf durch die Kopfrücknahme nur unwesentlich. Im Gegensatz zur Flankenpressung befinden sich aber die Werte der Zahnfußspannung für alle Radpaare innerhalb des zulässigen Bereiches.

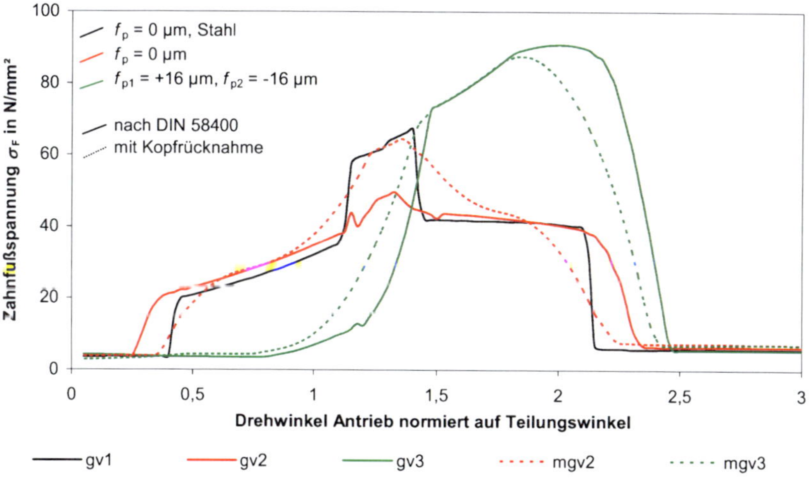

Abbildung 22: Zahnfußspannung σ_F eines geradverzahnten Stirnradpaares für unterschiedliche Profilgeometrien und Teilungs-Einzelabweichungen

Werden die Getriebe mit 50 % der Nennbelastung beaufschlagt, sinkt die Zahnfußspannung erwartungsgemäß auf ca. die Hälfte ab (Abbildung 23). Bemerkenswert ist in diesem Diagramm, dass sich durch die geringere Verformung der Zähne bei dem toleranzfreien

Radpaar mit genormtem Zahnprofil (gv10) ein kurzer Einzeleingriffsbereich ausbildet, welcher bei dem Radpaar mit Kopfrücknahme (mgv10) nicht mehr zu finden ist. Der Grund dafür liegt in der etwas geringeren Profilüberdeckung und der damit verbundenen höheren Zahnverformung. Die Kennlinien gv11 und mgv11 zeigen die Ergebnisse der Varianten mit maximalen Teilungs-Einzelabweichungen. Wie aus den vorherigen Kapiteln zu erwarten, führt die signifikant kleinere Profilüberdeckung und deshalb höhere Zahnbelastung zu größeren Zahnfußspannungen.

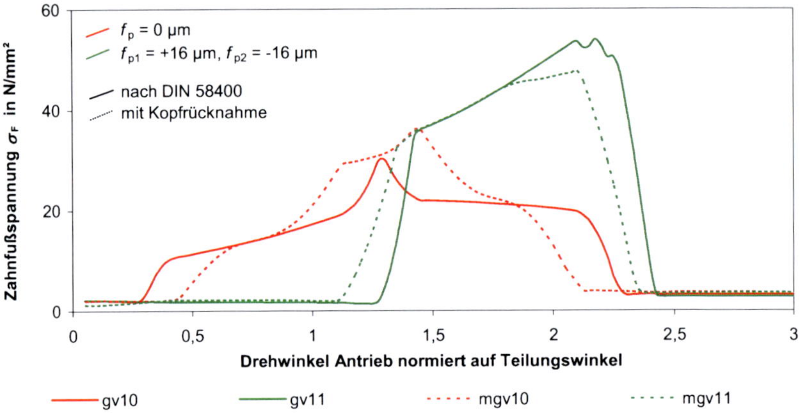

Abbildung 23: Zahnfußspannung σ_F eines geradverzahnten Stirnradpaares für 50 % der Nennlast

Das folgende Diagramm (Abbildung 24) zeigt die Abhängigkeit der Zahnfußspannung von den Achsabstandstoleranzen. Dargestellt sind die Resultate für Radpaare mit genormtem (gv2, gv5, gv6) und modifiziertem (mgv2, mgv5, mgv6) Profil ohne Abweichungen sowie für das genormte mit maximaler Teilungs-Einzelabweichung (gv3, gv7, gv8). Unabhängig von den betrachteten Varianten führt eine Änderung der Achsabstandstoleranz lediglich zu minimalen Verschiebungen der Kennlinien. Auch die Auswirkungen auf die Flankenpressung und die Zahnfußspannung sind minimal, weshalb der Parameter Achsabstand nachfolgend nicht weiter betrachtet wird.

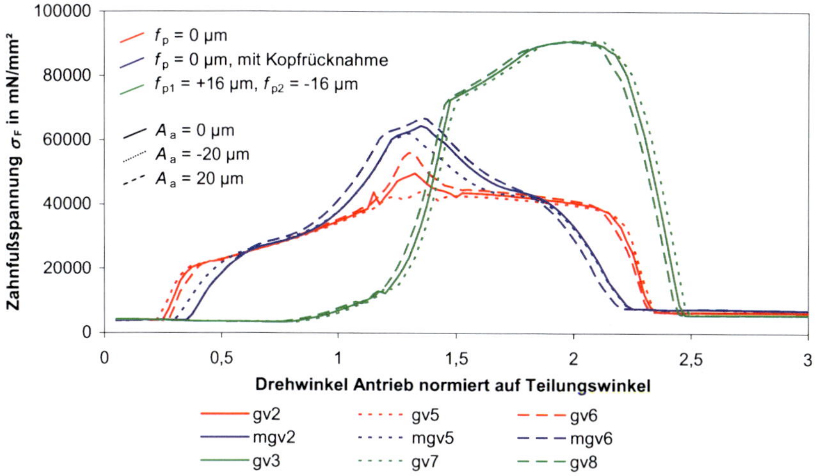

Abbildung 24: Zahnfußspannung σ_F eines geradverzahnten Stirnradpaares für unterschiedliche Achsabstandstoleranzen A_a

4.4.5 Übertragungsverhalten

Zum Beurteilen des Übertragungsverhaltens wird die Drehwinkelübertragungsabweichung $\Delta\varphi_{ü}$ gewählt. Diese errechnet sich aus der Differenz des Ist- und des Soll-Drehwinkels am Abtrieb:

$$\Delta\varphi_{ü} = \varphi_{AbIst} - \varphi_{AbSoll} = \varphi_{AbIst} - \frac{\varphi_{An}}{i} \quad (4.1)$$

In Abbildung 25 ist sie über dem Antriebswinkel dargestellt. Ein nahezu ideales Verhalten besitzt das Zahnradpaar aus Stahl (gv1). Wie zu erwarten, weisen die Kunststoffräder eine erheblich größere Abweichung auf. Interessant ist, dass die beiden Radpaare mit genormtem Profil (gv2, gv3) über ungefähr die Hälfte des Teilungswinkels ebenfalls ein fast abweichungsfreies Verhalten zeigen. Dem gegenüber stehen aber die deutlichen Drehwinkelübertragungsabweichungen im vorderen Bereich des Diagramms, die auf die sehr großen Eingriffsstörungen zurückzuführen sind. Durch die Kopfrücknahme verschlechtert sich das Verhalten für die toleranzfreie Variante (mgv2) minimal. Im Gegensatz dazu steht aber eine deutliche Verbesserung bei dem Radpaar mit maximaler Teilungs-

Einzelabweichung (mgv3). Für ein reales, toleranzbehaftetes Zahnradpaar ist demnach zu erwarten, dass durch eine Kopfrücknahme das Übertragungsverhalten nicht verschlechtert wird.

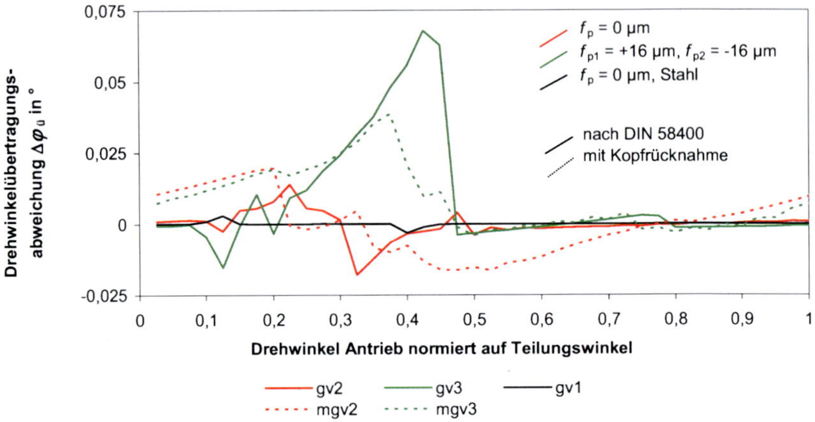

Abbildung 25: Drehwinkelübertragungsabweichung $\Delta\varphi_ü$ eines geradverzahnten Stirnradpaares für unterschiedliche Profilgeometrien und Teilungs-Einzelabweichungen

4.4.6 Reibarbeit

Das Verhalten im Kontaktbereich der eingreifenden Flanken beeinflusst das Geräuschverhalten sowie die Wärmeentwicklung an der Zahnoberfläche und damit den Wirkungsgrad sowie den Reibverschleiß. Dabei ist nicht nur von Interesse, welche Flankenpressung σ_H wirkt, sondern auch, welcher Gleitweg s_G mit dieser Pressung zurückgelegt wird. Eine physikalische Größe, die beides berücksichtigt, ist die flächenbezogene Reibarbeit W_R/A:

$$\frac{W_R}{A} = \mu \int \sigma_H \, ds_G \, . \tag{4.2}$$

Die Flankenpressung σ_H wurde ausführlich in Kapitel 4.4.3 dargestellt. Der Gleitweg ist in Abbildung 26 zu sehen. Bei allen toleranzfreien Varianten (gv1, gv2, mgv2) ist ein symmetrischer Verlauf zu beobachten. Beim Einzahnen werden große Gleitwege zurückgelegt, die sich immer weiter verringern, bis sich die Flanken im Wälzpunkt berühren. In diesem gibt es keine Gleitbewegung. Im weiteren Verlauf des Eingriffs steigt der Gleitweg an, bis beim Auszahnen große Werte erreicht werden. Tritt die Toleranzsituation mit maximaler Teilungs-Einzelabweichung auf (gv3, mgv3), beginnt die Berührung beider Flanken erst kurz vor dem Wälzpunkt. Beim Auszahnen werden aber sehr lange Wege zurückgelegt.

In Abbildung 27 ist die Reibarbeit für einen Zahneingriff dargestellt. Auffällig für das toleranzfreie Kunststoffgetriebe (gv2) sind die großen Werte am Anfang und Ende der Kennlinie. In diesen Bereichen wird unter hoher Flankenpressung ein langer Gleitweg zurückgelegt. Dadurch ist an den Zahnköpfen sowie an den zugehörigen Zahnfüßen der Gegenflanken mit erhöhter lokaler Wärmeentwicklung und mit hohem Reibverschleiß zu rechnen. Deutlich übertroffen werden diese Werte von der toleranzbehafteten Variante (gv3). An diesen Stellen ist sehr großer Verschleiß zu erwarten. Eine signifikante Verbesserung der Reibarbeit wird durch die Zahnradpaare mit Kopfrücknahme (mgv2, mgv3) erreicht. Die Kennlinien zeigen keine Spitzenwerte und liegen trotz des höheren Reibwertes von Kunststoff auf dem Niveau einer Radpaarung aus Stahl (gv1).

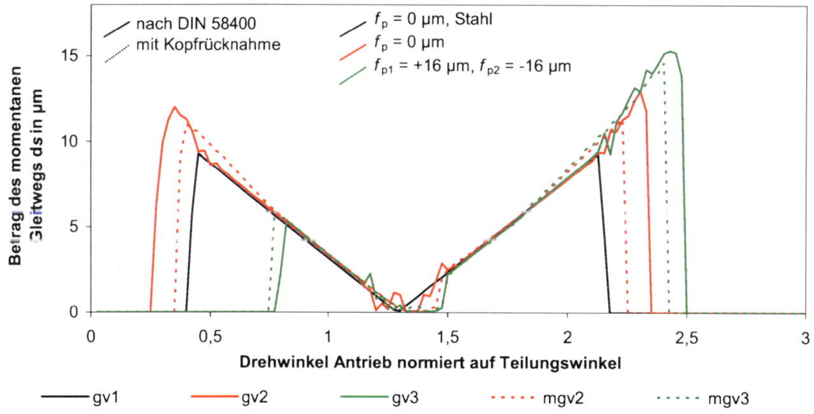

Abbildung 26: Momentaner Gleitweg ds eines geradverzahnten Stirnradpaares für unterschiedliche Profilgeometrien und Teilungs-Einzelabweichungen

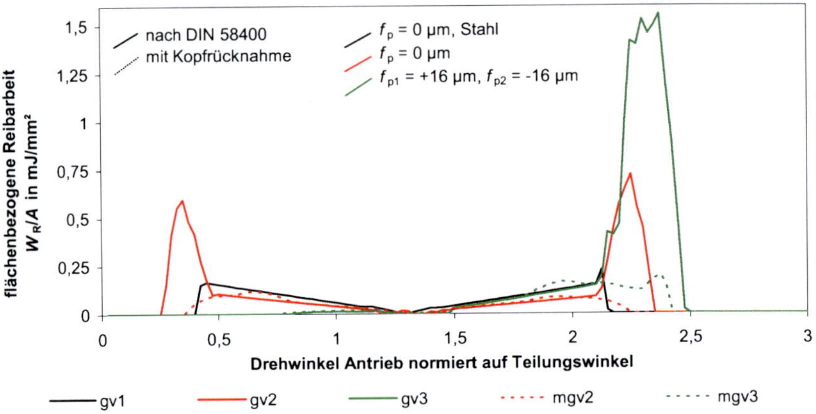

Abbildung 27: Flächenbezogene Reibarbeit W_R/A eines geradverzahnten Stirnradpaares für unterschiedliche Profilgeometrien und Teilungs-Einzelabweichungen

4.5 Simulationsergebnisse geradverzahnter Innenradpaare

Innenradpaare sind für eine *AAI*-Planetenstufe zwingend notwendig und bestehen aus einem außenverzahnten Ritzel und einem innenverzahnten Hohlrad. In diesem Kapitel wird das Verhalten solcher Paarungen detailliert untersucht. Die Auswertung der Ergebnisse und deren Darstellung erfolgen analog den Ausführungen im vorherigen Kapitel. Damit ist eine gute Vergleichbarkeit von Außen- und Innenradpaare gegeben.

4.5.1 Eingriffsverhalten

Die Abbildung 28 zeigt das Eingriffsverhalten der Innenradpaare. Für eine bessere Lesbarkeit sind wieder ausschließlich die Umrisse der Eingriffsverläufe dargestellt. Vergleichend ist ein Getriebe aus Stahl (iv1) eingezeichnet, dessen Verhalten sehr gut mit der theoretischen Eingriffsstrecke korreliert. Diese ist durch die Kopfkreise beider Räder sowie durch den Grundkreis des Ritzels begrenzt. Wie zu erwarten, weisen die Räder aus Kunststoff im Bereich des Kontaktes der beiden Flanken Linienberührung auf, die auf die lokalen Deformationen zurückzuführen ist. Die Länge dieser Berührungslinie ist mit der außenverzahnter Paarungen vergleichbar. Im Gegensatz zu diesen ist der Eingriffsverlauf hier aber nicht symmetrisch. Dies resultiert aus dem Kämmen einer konvexen mit einer konkaven Zahnflanke. Bereits ein toleranzfreies Getriebe aus Kunststoff (iv2) zeigt bei Nennlast wieder deutlichen Kopfkanteneingriff. Dabei kommt sowohl die Kopfkante des Hohlrads bei Eingriffsbeginn als auch die des Ritzels beim Auszahnen in Kontakt. Betrachtet man Radpaare mit maximalen Teilungs-Einzelabweichungen (iv3, iv4), fallen zwei Punkte auf. Zum Einen kommen nur noch sehr kurze Bereiche der Zahnflanken in Eingriff und zum Anderen vergrößern sich die Kopfkanteneingriffe sehr stark. Dies ist vor allem beim Getriebe bestehend aus einem Ritzel mit positiver und einem Hohlrad mit negativer Abweichung f_p (iv3) deutlich zu erkennen.

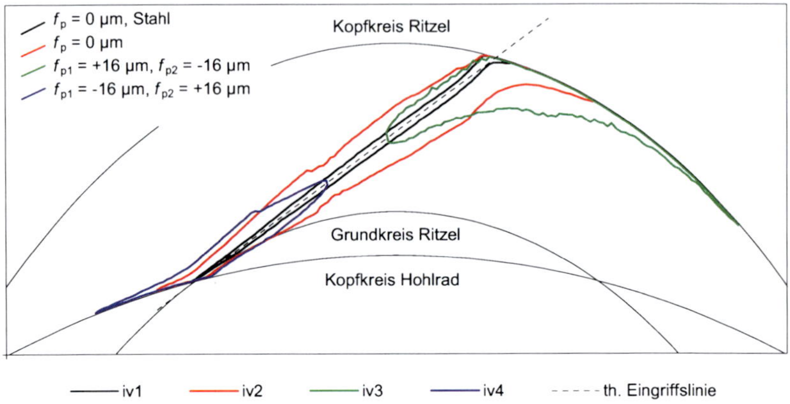

Abbildung 28: Eingriffsverhalten eines geradverzahnten Innenradpaares für unterschiedliche Teilungs-Einzelabweichungen; Profilgeometrie nach DIN 58400

In Abbildung 29 sind die Ergebnisse für Zahnräder mit Kopfrücknahme für die toleranzfreie Radpaarung (miv2) und die beiden Varianten mit maximalen Teilungs-Einzelabweichungen (miv3, miv4) zu sehen. Durch diese Maßnahme wird erreicht, dass die Kopfkanten nicht mehr in Kontakt kommen und die Eingriffsverläufe beim Ein- und Auszahnen weniger spitz zulaufen. Dies bedeutet, dass die Länge der Berührungslinie im Vergleich zur nicht modifizierten Profilgeometrie ansteigt und sich somit die Flächenpressung verringert, wie es Abbildung 30 verdeutlicht. Auf der linken Seite (a) kann man den Eingriff der Kopfkante gut erkennen. Diese gleitet beim Auszahnen fast die Hälfte der Flankenlänge des Hohlrades entlang und weist dabei hohe Pressungswerte auf. In der gleichen Stellung von Antriebs- und Abtriebsrad zueinander sind beim profilmodifizierten Radpaar (b) beide Flanken in Kontakt. Die Kopfkanten stehen hier somit nicht mehr im Eingriff. Hinzu kommt die Abnahme der Flankenpressung beim Auszahnen. Das nachfolgende Zahnpaar hat bereits den Hauptteil an der Übertragung des Drehmoments übernommen.

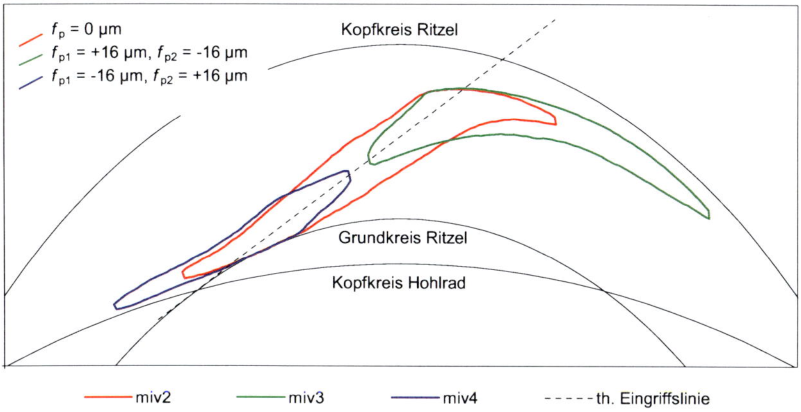

Abbildung 29: Eingriffsverhalten eines geradverzahnten Innenradpaares für unterschiedliche Teilungs-Einzelabweichungen; Profilgeometrie mit Kopfrücknahme

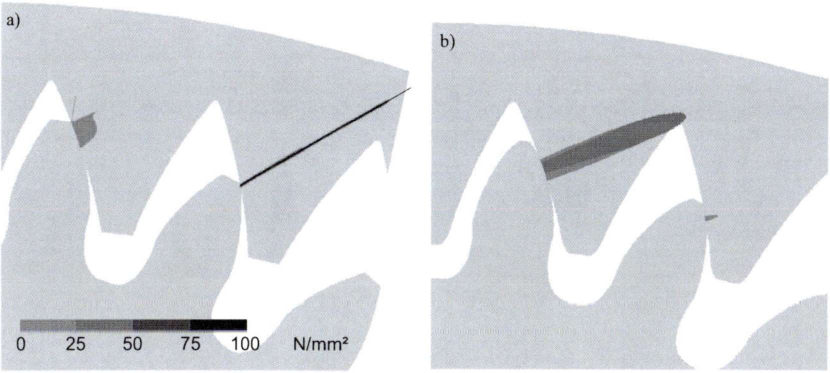

Abbildung 30: Verlauf der Flächenpressung über der Zahnflanke eines geradverzahnten Innenradpaares zum gleichen Zeitpunkt des Zahneingriffs; Profil a) nach DIN 58400, b) mit Kopfrücknahme

4.5.2 Verformung am Zahnkopf

Die Zahnfüße des Hohlrades sind dicker als die des Ritzels. Es werden deshalb größere Verformungen am Zahnkopf des Ritzels erwartet. Die nachfolgenden Diagramme zeigen diese Verläufe über einen Zahneingriff.

In Abbildung 31 sind die Ergebnisse für das Hohlrad dargestellt. Die Paarung aus Stahl (iv1) zeigt quasi keine Verformung. Auch die toleranzfreien Räder aus Kunststoff (iv2, miv2) weisen nur sehr geringe Werte auf. Bei Zahnradpaaren mit maximalen Teilungs-Einzelabweichungen sind zwei Grenzkonstellationen zu unterscheiden. Kommt das Hohlrad am Zahnfuß mit dem Ritzel in Kontakt (iv3, miv3), sind die Verformungen ebenfalls sehr gering. Bei der Variante iv4 findet ein starker Eingriff der Kopfkante des Hohlradzahns statt, was zu einer relativ großen Verformung von $\lambda = 18$ µm führt. Die Kopfrücknahme (miv4) verringert diesen Wert, zeigt aber den gleichen qualitativen Verlauf.

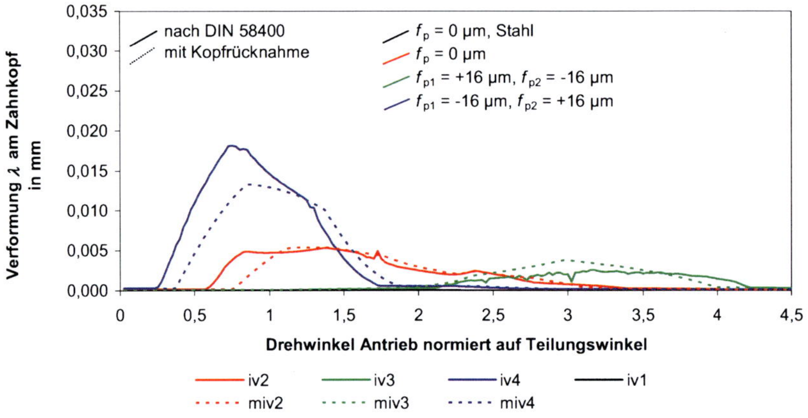

Abbildung 31: Verformung λ am Zahnkopf des Hohlrads in Umfangsrichtung eines geradverzahnten Innenradpaares für unterschiedliche Profilgeometrien und Teilungs-Einzelabweichungen

Wie erwartet, ergeben sich am Ritzel größere Verformungen am Zahnkopf (Abbildung 32). Sowohl die Varianten ohne Toleranzen (iv2, miv2) als auch die Zahnradpaare iv4 und miv4 werden um ca. 15 µm deformiert. Kommt der Zahnkopf des Ritzels durch eine ungünstige Toleranzkonstellation verstärkt in Eingriff (iv3), treten Verformungen bis zu $\lambda = 33$ µm auf, die durch eine Kopfrücknahme (miv3) nur unwesentlich beeinflusst werden. Dieser Maximalwert befindet sich auf dem gleichen Niveau wie der geradverzahnter Außenradpaare und oberhalb des in der Literatur angegebenen Richtwertes von $\lambda = 0{,}1 \cdot m$. Die Radpaarung aus Stahl ist vergleichend zu sehen, zeigt aber auch am Ritzel praktisch keine Verformung.

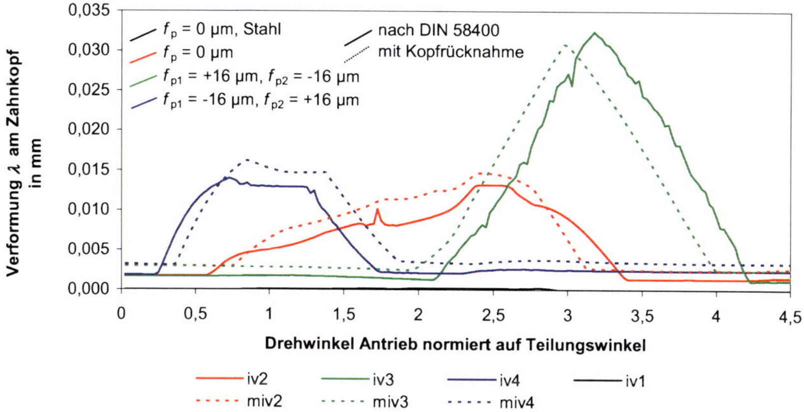

Abbildung 32: Verformung λ am Zahnkopf des Ritzels in Umfangsrichtung eines geradverzahnten Innenradpaares für unterschiedliche Profilgeometrien und Teilungs-Einzelabweichungen

4.5.3 Flankenpressung

Werden zwei ideale Zahnräder gepaart (Abbildung 33; iv2), dann liegt die Flankenpressung während des gesamten Eingriffs unterhalb der zulässigen Werkstoffkenngröße. Im Gegensatz zum Außenradpaar (s. Abbildung 18) führt der Kopfkanteneingriff sowohl beim Ein- als auch beim Auszahnen somit nicht zu überhöhten Werten. Kommen aber, wie in der Realität, Zahnpaare mit Toleranzen in Eingriff (iv3, iv4), dann steigen die Maximalwerte der Flächenpressung deutlich an und liegen weit über den zulässigen Grenzen des Werkstoffs. Die ungünstigere Toleranzkonstellation ist dabei iv4. Hierbei tritt sehr hohe Flankenpressung zwischen dem Zahnfuß des Ritzels und dem Zahnkopf des Hohlrads auf. Ein solches Getriebe würde im Betrieb erheblichen Verschleiß und eine hohe Geräuschemission aufweisen.

Eine Kopfrücknahme (miv2, miv3, miv4) senkt die maximalen Pressungen für die ungünstigen Toleranzsituationen wesentlich, so dass der zulässige Bereich für POM wieder erreicht wird. Damit kann die störungsfreie Funktion der Zahnradpaarung über den gesamten Toleranzbereich hinweg gesichert werden.

Im Diagramm in Abbildung 33 ist auch die längere Profilüberdeckung bei POM ($\varepsilon_\alpha = 2{,}8$ für iv2) im Vergleich zu Stahl ($\varepsilon_\alpha = 2{,}1$ für iv1) zu sehen. Wie bereits erwähnt, führt die Kopfrücknahme zu einer signifikanten Verkürzung der Überdeckung, die aber mit Werten von $\varepsilon_\alpha > 1{,}5$ dennoch das zweite Verzahnungsgesetz erfüllt.

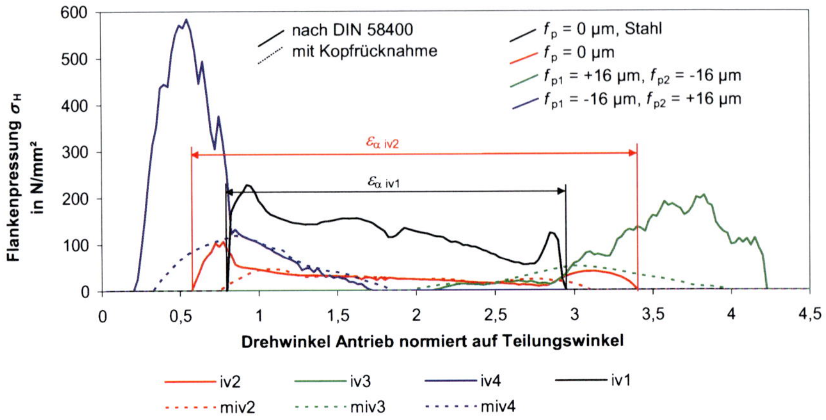

Abbildung 33: Flankenpressung σ_H eines geradverzahnten Innenradpaares für unterschiedliche Profilgeometrien und Teilungs-Einzelabweichungen

4.5.4 Zahnfußspannung

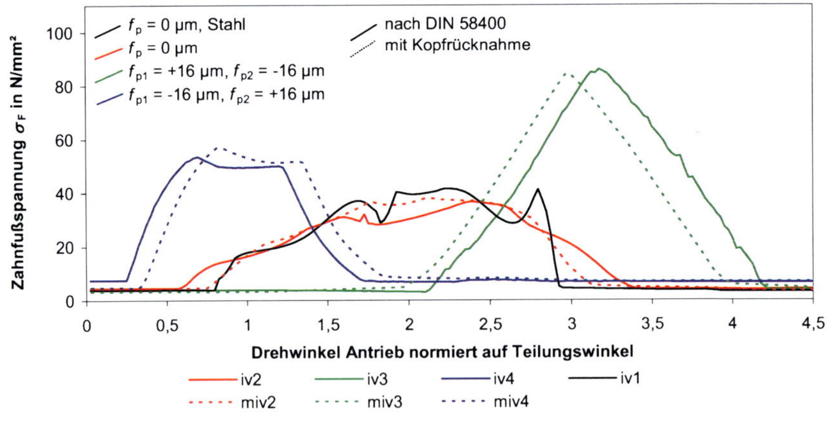

Abbildung 34: Zahnfußspannung σ_F am Ritzel eines geradverzahnten Innenradpaares für unterschiedliche Profilgeometrien und Teilungs-Einzelabweichungen

Die Abbildung 34 zeigt die Zahnfußspannung für einen kompletten Zahneingriff. Erwartungsgemäß folgen die Kennlinien qualitativ dem Verlauf der Verformungen am Zahnkopf (s. Abbildung 32), welche die Spannungen am Zahnfuß hauptsächlich verursachen.

Unabhängig von der Toleranzsituation (abweichungsfrei iv2, iv1; maximale Teilungs-Einzelabweichungen iv3, iv4) liegen die Verläufe unterhalb der zulässigen Spannungen für den Werkstoff POM. Die Kopfrücknahmen (miv2, miv3, miv4) beeinflussen die Zahnfußspannung nahezu nicht.

4.5.5 Übertragungsverhalten

Obwohl Radpaare aus Kunststoff (Abbildung 35, iv2) größere Drehwinkelübertragungsabweichungen aufweisen als die aus Stahl (iv1), kann unabhängig von der Profilmodifikation und den betrachteten Toleranzen für alle Varianten von sehr kleinen Werten ausgegangen werden. Anders als bei außenverzahnten Stirnradpaaren (s. Kapitel 4.4.5) führen die deutlichen Kopfkanteneingriffe der toleranzbehafteten Paarungen (iv3, iv4) kaum zu einer Beeinflussung des Übertragungsverhaltens. Die Kopfrücknahmen (miv2, miv3, miv4) zeigen keine nennenswerten Resultate.

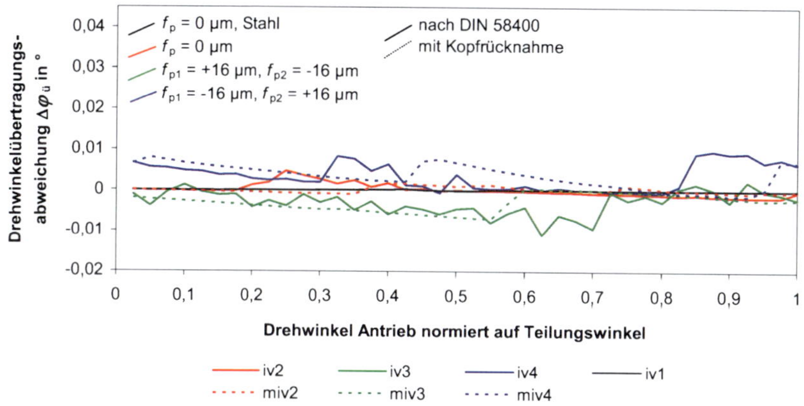

Abbildung 35: Drehwinkelübertragungsabweichung $\Delta\varphi_{ü}$ eines geradverzahnten Innenradpaares für unterschiedliche Profilgeometrien und Teilungs-Einzelabweichungen

4.5.6 Reibarbeit

Die Reibarbeit berechnet sich nach Gl. (4.2) aus der Flankenpressung σ_H und dem Gleitweg ds, der in Abbildung 36 dargestellt ist. Im Gegensatz zu den außenverzahnten Radpaaren (s. Abbildung 26) ist dessen Verlauf auch für die toleranzfreien Varianten (iv1, iv2) nicht symmetrisch. Werden Räder mit maximalen Teilungs-Einzelabeichungen gepaart (iv3, iv4), verschieben sich die Kennlinien deutlich entlang der Abszisse. Dies bedeutet, dass jeweils nur die Bereiche mit stemmendem bzw. mit ziehendem Eingriffsverhalten in Kontakt kommen. Verglichen mit den Außenradpaaren werden für alle Varianten in etwa aber nur die halben Gleitwege zurückgelegt. Eine Kopfrücknahme (miv2, miv3, miv4) verringert die Überdeckung und führt deshalb zu einem etwas kleineren Gleitweg.

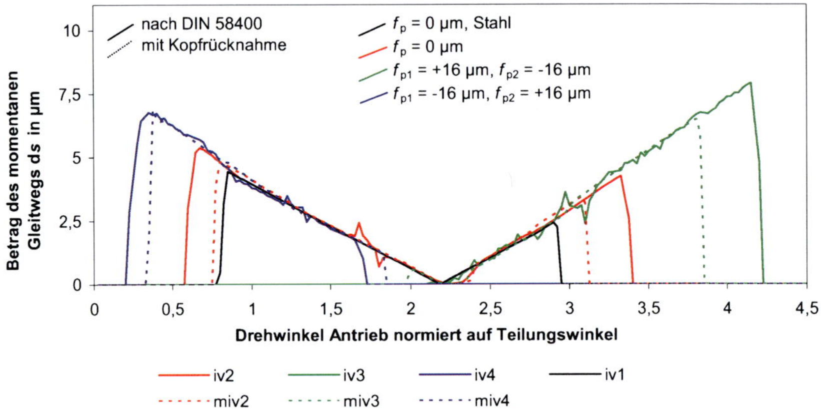

Abbildung 36: Momentaner Gleitweg *ds* eines geradverzahnten Innenradpaares für unterschiedliche Profilgeometrien und Teilungs-Einzelabweichungen

Der geringere Gleitweg der Innenradpaare lässt auch auf eine kleinere Reibarbeit schließen. Diese ist in Abbildung 37 zu sehen. Die Radpaare ohne Toleranzen sowie die mit Kopfrücknahme (iv1, iv2, miv2, miv3, miv4) erreichen auf Grund der geringen Flankenpressungen (s. Abbildung 33) und des moderaten Gleitwegs keine großen Werte. Im Gegensatz dazu sind in den Kennlinien der ungünstigen Toleranzpaarungen markante Spitzen beim Ein- (iv4) bzw. beim Auszahnen (iv3) zu erkennen. Bei derartigen Konstellationen treten in der Realität erhöhte lokale Erwärmungen und damit verbunden verstärkter Verschleiß auf. Dennoch liegen die Absolutwerte deutlich unter denen außenverzahnter Radpaare, so dass diese bei Untersuchungen zum Reibverhalten im Mittelpunkt der Analysen stehen sollten.

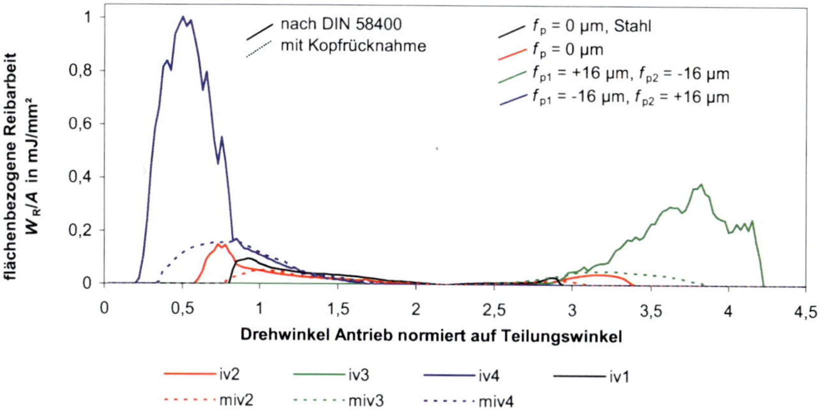

Abbildung 37: Flächenbezogene Reibarbeit W_R/A eines geradverzahnten Innenradpaares für unterschiedliche Profilgeometrien und Teilungs-Einzelabweichungen

4.6 Simulationsergebnisse schrägverzahnter Stirnradpaare

Im Allgemeinen gilt die Schrägverzahnung verglichen mit der Geradverzahnung durch die größere Überdeckung und den allmählichen Zahneingriff als tragfähiger, laufruhiger und geräuschärmer. Für feinwerktechnische Getriebe muss diese Aussage aber eingeschränkt werden. In [KRA66] ist gezeigt, dass metallische Zahnräder auf Grund von Verzahnungsabweichungen praktisch immer Einzeleingriff haben und somit die genannten Vorteile der Schrägverzahnung nicht zum Tragen kommen. Welche Eigenschaften Radpaarungen aus Kunststoff in diesem Modulbereich zeigen, ist bisher nur wenig untersucht. Dieses Kapitel stellt Simulationsergebnisse vor und zieht den Vergleich mit der Geradverzahnung.

4.6.1 Eingriffsverhalten

Bei schrägverzahnten Getrieben entstehen Eingriffsverläufe, die über die Radbreite nicht konstant sind. Bei der in Abbildung 38 dargestellten toleranzfreien Variante beginnt der Kontakt eines Zahnpaares an der hinteren Stirnseite (grün markiert), indem der Zahnkopf des Abtriebsrades den Zahnfuß des Antriebsrades berührt. Das Eingriffsende findet auf der gegenüberliegenden vorderen Stirnseite (blau markiert) statt. Aus Gründen der besseren Übersicht und Vergleichbarkeit werden nachfolgend nur die Umrisse der Eingriffsverläufe für drei Ebenen der Radbreite in ein 2D-Diagramm projiziert. Die eingefügten Getriebeansichten veranschaulichen deren Lage.

Das in Abbildung 38 dargestellte Radpaar aus Stahl (sv1) zeigt ein Verhalten, das der Theorie sehr nahe kommt und frei von Eingriffsstörungen ist. Die Kennlinien der beiden Stirnseiten unterscheiden sich von der der Radmitte nur unwesentlich und sind deshalb nicht abgebildet. Wie zu erwarten, ist für das Kunststoffradpaar (sv2) der Eingriffsverlauf deutlich breiter als bei der Variante aus Stahl. Verglichen mit geradverzahnten Rädern aus POM (s. Abbildung 14) fällt er aber schmaler aus. Dies ist ein Hinweis auf eine größere Überdeckung. Weiterhin findet ein Kopfkanteneingriff über die gesamte Radbreite statt. Dieser ist in der Radmitte symmetrisch. Die Maximalwerte treten beim Einzahnen an der hinteren und beim Auszahnen an der vorderen Stirnseite auf. Sie liegen in der gleichen Größenordnung wie bei geradverzahnten Radpaaren.

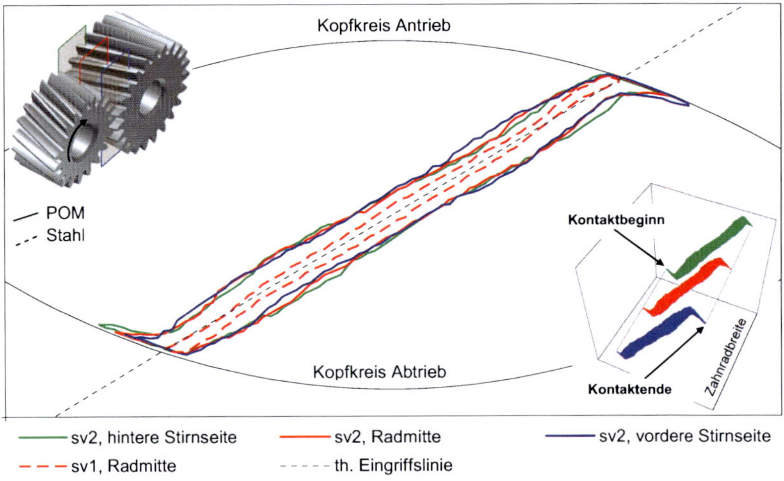

Abbildung 38: Eingriffsverhalten eines schrägverzahnten Radpaares, Profilgeometrie nach DIN 58400, ohne Toleranzen

Für die Variante mit maximalen Teilungs-Einzelabweichungen (sv3) stellt die Abbildung 39 das Eingriffsverhalten dar. Besonders auffällig sind die großen Kopfkanteneingriffe beim Auszahnen. Das Maximum tritt an der vorderen Stirnseite (blaue Kennlinie) auf. Da in dieser Getriebestellung das betrachtete Zahnpaar nicht mehr über die gesamte Radbreite, sondern nur noch in diesem Punkt in Kontakt ist, sind hier sehr hohe Spannungsspitzen zu erwarten.

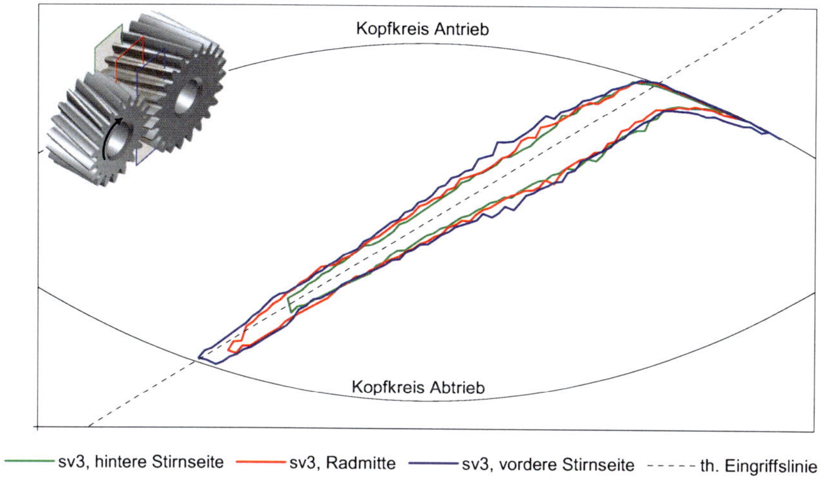

Abbildung 39: Eingriffsverhalten eines schrägverzahnten Radpaares, Profilgeometrie nach DIN 58400, mit maximaler Teilungs-Einzelabweichung

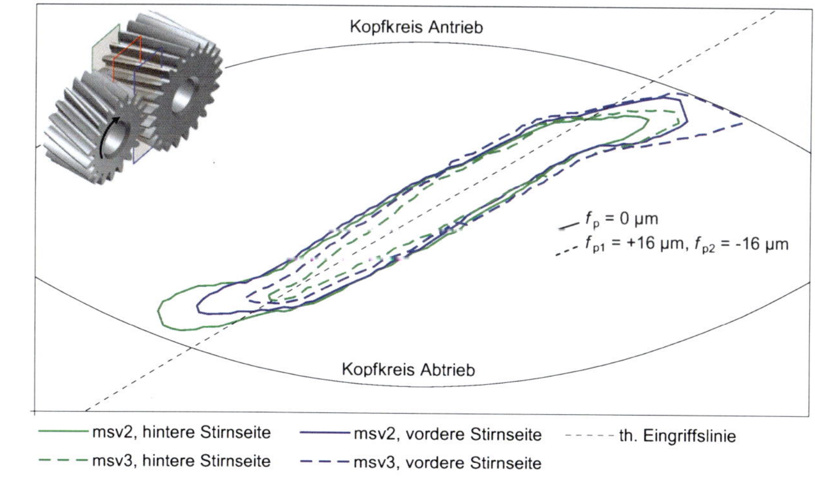

Abbildung 40: Eingriffsverhalten eines schrägverzahnten Radpaares für unterschiedliche Teilungs-Einzelabweichungen, Profilgeometrie mit Kopfrücknahme

Auf Grund der deutlichen Kopfkanteneingriffe ist auch bei der Schrägverzahnung die Analyse von Varianten mit Kopfrücknahme sinnvoll. Die Kennlinie msv2 in Abbildung 40 zeigt den bereits bekannten Verlauf mit dem Abknicken am Anfang sowie am Ende des Eingriffs. Die Eingriffsstörungen konnten weitestgehend eliminiert werden. Lediglich bei der Radpaarung mit ungünstigster Toleranzkonstellation (msv3) kommt an der vorderen Stirnseite der Zahnkopf noch in Eingriff. Im Unterschied zu den nicht modifizierten Profilen berühren sich die Zahnflanken dabei aber noch auf einer Linie und nicht ausschließlich am Kopf. Zu erkennen ist dies daran, dass die Kennlinie nicht spitz zuläuft.

4.6.2 Verformung am Zahnkopf

Die beschriebenen starken Kopfkanteneingriffe deuten an, dass die Zahnverformungen für Kunststoffräder erneut deutlich über denen der Stahlräder (sv1) liegen. Im Diagramm in Abbildung 41 sind die Verläufe der Maximalwerte über der Getriebestellung zu sehen, unabhängig davon in welcher Ebene über die Radbreite sie auftreten. Verglichen mit Abbildung 17 (geradverzahnte Varianten) zeigen die nicht modifizierten Radpaare (sv2, sv3) qualitativ das gleiche Verhalten, wobei die schrägverzahnten Räder über den kompletten Eingriff eine ca. 10 % höhere Verformung haben. Die Kennlinien der Zahnradgetriebe mit Kopfrücknahme (sv1, msv2, msv3) sind denen mit Geradverzahnung sehr ähnlich.

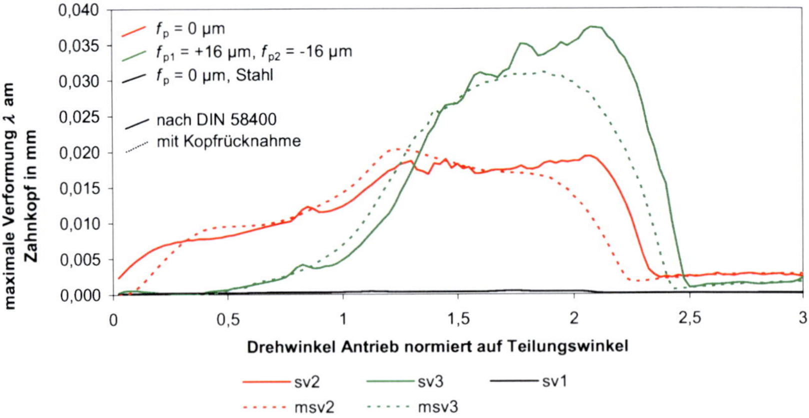

Abbildung 41: Maximale Verformung λ am Zahnkopf in Umfangsrichtung eines schrägverzahnten Radpaares für unterschiedliche Profilgeometrien und Teilungs-Einzelabweichungen

4.6.3 Flankenpressung

Der Verlauf der Flankenpressung in Abhängigkeit von der Getriebestellung und der Radbreite ist in Abbildung 42 für die toleranzfreie Variante (sv2) dargestellt. Der Eingriff beginnt an der hinteren Stirnseite, wodurch eine deutliche Spannungsspitze entsteht. Während des größten Teils der Eingriffsdauer treten moderate Werte auf, bevor das Zahnpaar unter sehr großer Flankenpressung außer Kontakt kommt. Mit diesem 3D-Diagramm kann das Verhalten einer Zahnradpaarung gut beurteilt werden. Zum Vergleich mehrerer Varianten eignet sich aber eine 2D-Darstellung besser. In Abbildung 43 sind die maximalen Flankenpressungen für jede Getriebestellung zu sehen.

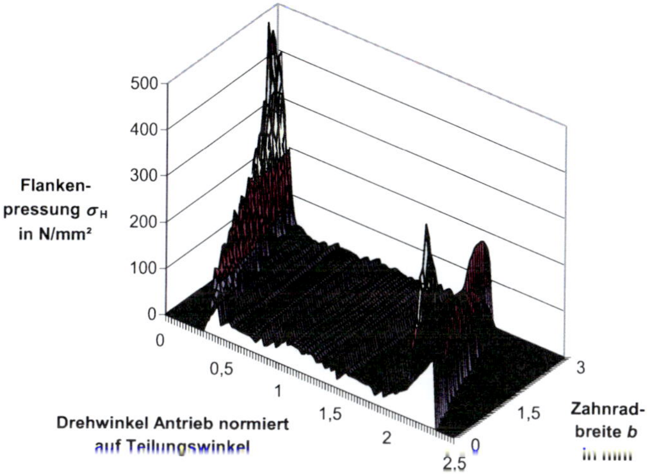

Abbildung 42: Flankenpressung σ_H eines schrägverzahnten Radpaares mit Profil nach DIN 58400 und ohne Toleranzen (sv2)

Beim Getriebe aus Stahl (sv1) ist auffällig, dass kein Einzeleingriff stattfindet (im Vergleich zu Abbildung 18, Plateau im mittleren Bereich der Kennlinie), weil die Gesamtüberdeckung ε_γ um die Sprungüberdeckung ε_β angestiegen ist. Die beiden Kunststoffradpaare mit Profilen nach DIN 58400 (sv2, sv3) zeigen qualitativ ähnliche Verläufe wie die entsprechenden geradverzahnten Radpaare (gv2, gv3). Auch quantitativ liegen die Kennlinien für den größten Teil des Eingriffs in der gleichen Größenordnung. Deutliche Unterschiede gibt es aber beim Ein- und Auszahnen. Die hier auftretenden Spitzenwerte sind bei der Schrägverzahnung etwa um den Faktor zwei größer und liegen damit weit im unzulässigen Bereich des Werkstoffs

POM. Dies ist mit der unterschiedlichen Berührungslänge zu erklären. Während sich bei Geradverzahnung die Zähne stets über der gesamten Radbreite berühren und damit die Last auch über diese aufteilen, tritt zu Eingriffsbeginn und -ende schrägverzahnter Radpaare eine Punktberührung auf. Die Kopfrücknahme eignet sich sehr gut, um diese Spannungsspitzen zu verhindern. In Abbildung 43 sind deren Verläufe ebenfalls zu sehen. Während für die toleranzfreie Radpaarung (msv2) über den gesamten Eingriffsverlauf eine moderate weitestgehend konstante Flankenpressung vorherrscht, zeigt die Variante mit maximaler Teilungs-Einzelabweichung (msv3) beim Auszahnen eine leichte Überhöhung.

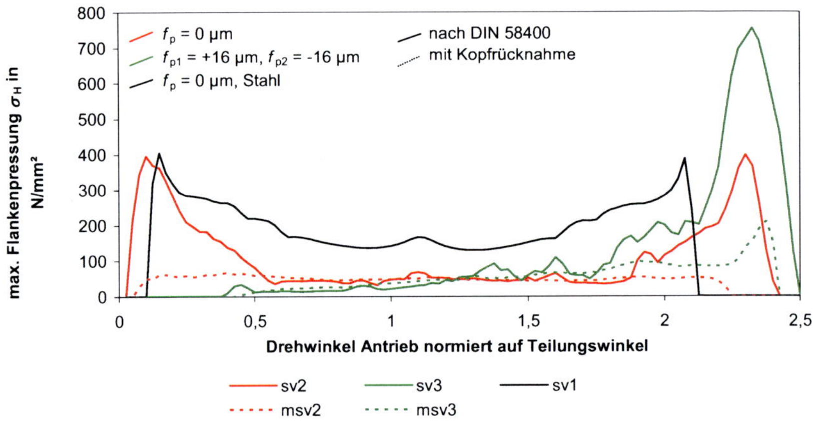

Abbildung 43: Maximale Flankenpressung σ_H eines schrägverzahnten Radpaares für unterschiedliche Profilgeometrien und Teilungs-Einzelabweichungen

4.6.4 Zahnfußspannung

Die Abbildung 44 zeigt den Verlauf der Zahnfußspannung in Abhängigkeit von der Getriebestellung und der Radbreite. Zu sehen ist ein balliges Kennfeld, welches zu beiden Stirnseiten der Räder hin abfällt. Die größten Belastungen treten in der Radmitte auf. Dieses Verhalten zeigen auch alle anderen, hier nicht in Diagrammen dargestellten Getriebevarianten. Für einen besseren Vergleich derselben sind in Abbildung 45 die Maximalwerte je Getriebestellung unabhängig von deren Auftreten über der Radbreite zu sehen. Die Verläufe für Kunststoffräder (sv2, sv3, msv2, msv3) sind nahezu identisch mit denen der Geradverzahnung (s. Abbildung 22). Der einzige Unterschied ist der bereits erwähnte Wegfall des Einzeleingriffs beim Getriebe aus Stahl (sv1). Die Zahnfußspannungen aller Varianten liegen unterhalb des zulässigen Werkstoffwertes.

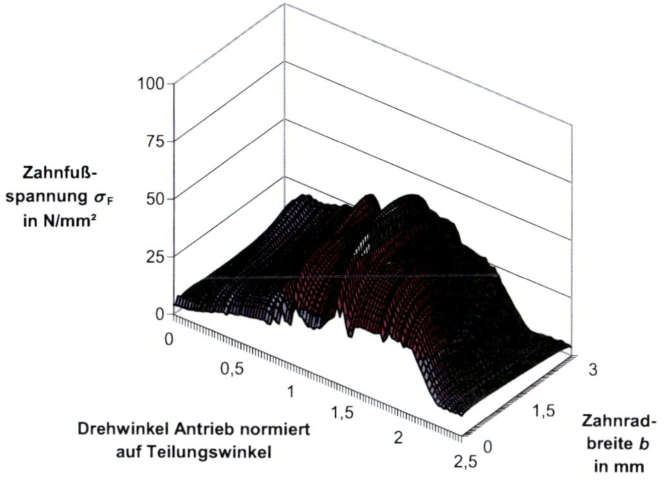

Abbildung 44: Zahnfußspannung σ_F eines schrägverzahnten Radpaares mit Profil nach DIN 58400 und ohne Toleranzen (sv2)

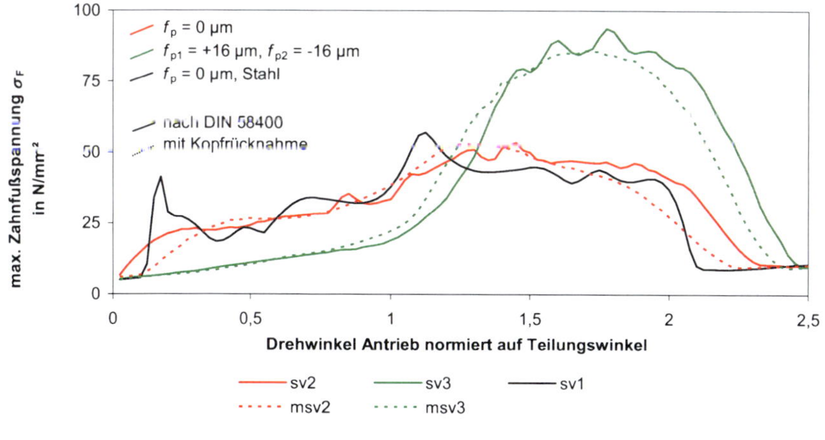

Abbildung 45: Maximale Zahnfußspannung σ_F eines schrägverzahnten Radpaares für unterschiedliche Profilgeometrien und Teilungs-Einzelabweichungen

4.6.5 Übertragungsverhalten

Das toleranzfreie Getriebe aus Stahl (sv1) zeigt ein nahezu abweichungsfreies Übertragungsverhalten (Abbildung 46). Im Gegensatz dazu weisen die Kunststoffgetriebe (sv2, sv3, msv2, msv3) deutlich größere Drehwinkelübertragungsabweichungen auf, wobei die Verläufe der Kennlinien denen der geradverzahnten Radpaare (s. Abbildung 25) sehr ähnlich sind. Ein markanter Unterschied ist nur für das Getriebe mit maximalen Teilungs-Einzelabweichungen und nichtmodifiziertem Profil (sv3) zu erkennen. Durch die Schrägverzahnung wird der Maximalwert in etwa halbiert.

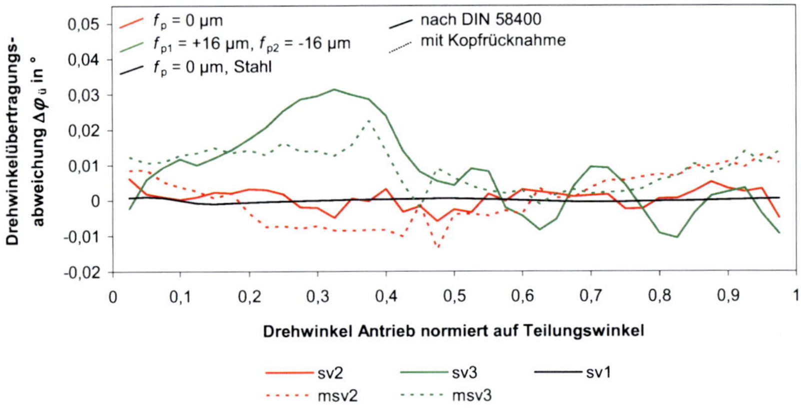

Abbildung 46: Drehwinkelübertragungsabweichung $\Delta\varphi_{ü}$ eines schrägverzahnten Radpaares für unterschiedliche Profilgeometrien und Teilungs-Einzelabweichungen

4.7 Einfluss der Zahnradtemperatur

Alle bisherigen Untersuchungen gelten für die Zahnradtemperatur $T = 20$ °C. Während des Betriebs der Getriebe kommt es aber einerseits zu einer Eigenerwärmung derselben, und andererseits müssen sie für viele Anwendungen auch bei erhöhten Umgebungstemperaturen sicher funktionieren. Daraus ergeben sich geometrische und stoffliche Auswirkungen auf die Zahnräder, welche die Getriebeeigenschaften beeinflussen.

In diesem Kapitel werden die Simulationsergebnisse beispielhaft für die Zahnradtemperatur $T = 60$ °C vorgestellt. Dabei wird vereinfacht ein isothermes Verhalten der Räder angenommen. Dies bedeutet, lokale Erwärmungen an der Zahnflanke durch den Zahneingriff sind nicht berücksichtigt.

4.7.1 Auswirkungen auf die Zahnräder

Eine Temperaturerhöhung hat Auswirkung auf folgende drei Eigenschaften thermoplastischer Werkstoffe:

- Reibwert,
- *E*-Modul und
- geometrische Abmessungen.

Aus der Literatur (z.B. [TIC04]) ist bekannt, dass der Reibwert ein temperaturabhängiges Verhalten zeigt. Jedoch sind keine verlässlichen Daten zu finden. Der Aufwand für derartige Untersuchungen lässt sich als sehr erheblich einschätzen, weshalb dies bei den eigenen Arbeiten nicht berücksichtigt werden kann und ohnehin zweckmäßig den Werkstoffwissenschaften vorbehalten bleiben muss.

Der *E*-Modul von Kunststoffen sinkt mit zunehmender Temperatur. Für den Werkstoff POM beträgt er bei $T = 60$ °C noch 63 % des Wertes bei $T = 20$ °C. Die ebenfalls für die Simulation notwendige Querkontraktionszahl bleibt davon unberührt.

Durch die Erwärmung ändert sich die Geometrie der Zahnräder. Mit dem Längen-Temperaturkoeffizienten α lässt sich die relative Längenänderung l_T durch eine Temperaturänderung wie folgt ermitteln:

$$l_T = l_0\left[1 + \alpha\left(T - T_0\right)\right]. \qquad (4,3)$$

Das FE-Modell wurde um diesen thermisch-mechanischen Zusammenhang erweitert. Die resultierende Ausdehnung kann so während der Simulation mit berechnet werden.

4.7.2 Eingriffsverhalten

Die nachfolgenden Bilder zeigen das Eingriffsverhalten ausgewählter Kunststoffgetriebe bei erhöhter Temperatur. Zum Vergleich sind die jeweiligen Kennlinien für $T = 20$ °C sowie die dazugehörigen Kopfkreise mit dargestellt. Die Eingriffsverläufe der Radpaare bei $T = 60$ °C gehen über die Kopfkreise für $T = 20$ °C hinaus. Dies spiegelt die thermisch bedingte Veränderung der geometrischen Abmessungen wider.

In Abbildung 47 sind die Varianten ohne Toleranzen mit Zahnprofil nach DIN 58400 (gv2, gv2-60°) und mit Kopfrücknahme (mgv2, mgv2-60°) zu sehen. Durch die Temperaturerhöhung vergrößert sich der bereits vorhandene Kopfkanteneingriff. Die spitze Form des Eingriffsverlaufs an beiden Enden zeigt, dass beim Ein- und beim Auszahnen ausschließlich die jeweiligen Kopfkanten eine bestimmte Zeit mit den Gegenflanken in Kontakt sind. Werden die Teilungs-Einzelabweichungen mit in die Untersuchungen einbezogen (Abbildung 48; gv3, mgv3, gv3-60°, mgv3-60°), vergrößert sich die beschriebene Eingriffsstörung noch. Eine Kopfrücknahme verbessert das Verhalten deutlich, bei dem toleranzfreien Radpaar (mgv2-60°) kommt dennoch der Zahnkopf in Kontakt. Allerdings ist der Eingriffsverlauf an diesen Stellen nicht spitz. Das bedeutet, dass es eine Linienberührung gibt, auf der die Belastung verteilt wird. Die Bilder A und B in Abbildung 47 verdeutlichen dies. Es ist deshalb auch zu erwarten, dass die Zahnflanken mit Kopfrücknahme im Vergleich zu denen mit dem Profil nach DIN 58400 an diesen Stellen mit geringeren Flächenpressungen beansprucht werden.

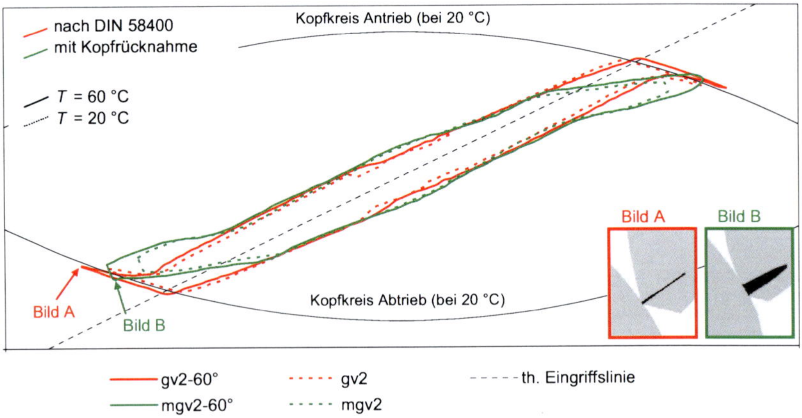

Abbildung 47: Eingriffsverhalten eines geradverzahnten Innenradpaares für unterschiedliche Profilgeometrien und Temperaturen (ohne Toleranzen)

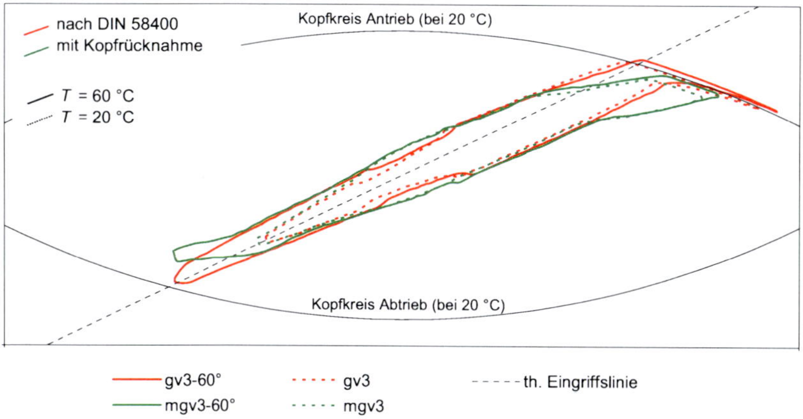

Abbildung 48: Eingriffsverhalten eines geradverzahnten Innenradpaares für unterschiedliche Profilgeometrien und Temperaturen (mit f_{p1} = +16 µm, f_{p2} = -16 µm))

4.7.3 Verformung am Zahnkopf

Durch den geringeren *E*-Modul bei erhöhter Temperatur weisen die Zähne für das gleiche zu übertragende Drehmoment eine größere Zahnverformung auf. Dies zeigen die Diagramme in Abbildung 49 (toleranzfreie Räder gv2, mgv2, gv2-60°, mgv2-60°) und Abbildung 50 (mit maximalen Teilungs-Einzelabweichungen gv3, mgv3, gv3-60°, mgv3-60°). Die Kennlinien liegen 50 bis 80 % über denen bei *T* = 20 °C und verlaufen qualitativ ähnlich. Die analytische Berechnung der maximalen Verformung nach [KRA93] korreliert erneut gut mit den Simulationsergebnissen.

Die erhöhte Zahnverformung führt zu einem längeren Eingriff je Zahnpaar und damit zu einer größeren Überdeckung. Dies ist in den vorherigen Bildern zum Eingriffsverhalten sowie in den folgenden Diagrammen der Flächenpressung ebenfalls gut zu erkennen.

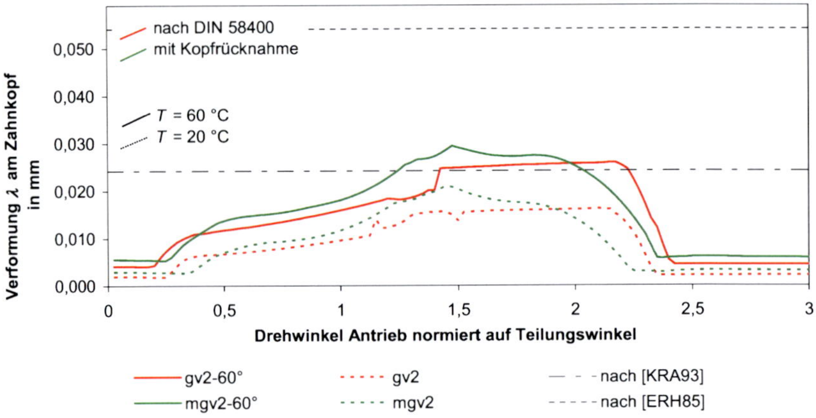

Abbildung 49: Verformung λ am Zahnkopf in Umfangsrichtung eines geradverzahnten Innenradpaares für unterschiedliche Profilgeometrien und Temperaturen (ohne Toleranzen)

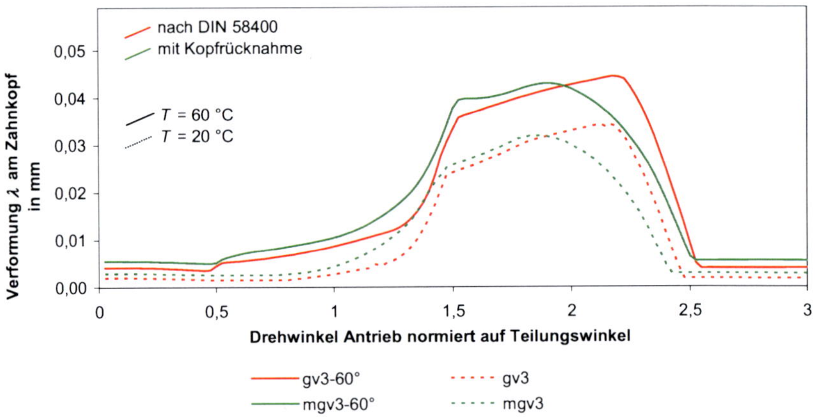

Abbildung 50: Verformung λ am Zahnkopf in Umfangsrichtung eines geradverzahnten Innenradpaares für unterschiedliche Profilgeometrien und Temperaturen (mit maximaler Teilungs-Einzelabweichung)

4.7.4 Flankenpressung

Bei den genormten Profilen sinken die markanten Spitzen der Flankenpressung beim Ein- und Auszahnen leicht ab (Abbildung 51, Abbildung 52; gv2-60°, gv3-60°). Allerdings verringert sich auch der zulässige Wert der Pressung für POM bei erhöhter Temperatur, wodurch dieser deutlich überschritten wird. Durch die Kopfrücknahmen (mgv2-60°, mgv3-60°) werden die Kopfkanteneingriffe verhindert, und die Kennlinien der Flankenpressung weisen deshalb keine Überhöhungen am Eingriffsbeginn und -ende auf. In beiden Diagrammen sind zum Vergleich die Verläufe bei Raumtemperatur (gv2, mgv2, gv3, mgv3) mit dargestellt.

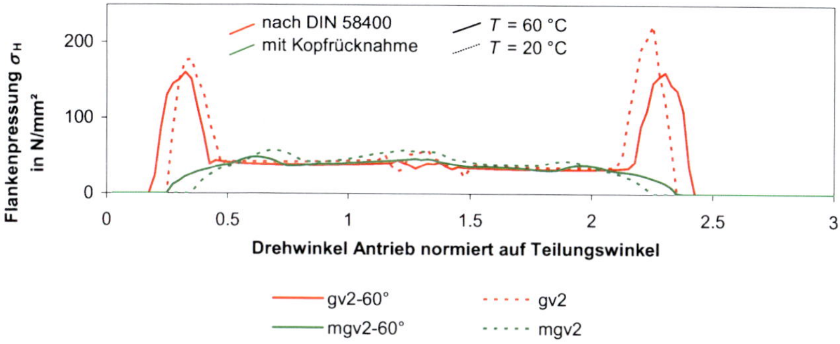

Abbildung 51: Flankenpressung σ_H eines geradverzahnten Innenradpaares für unterschiedliche Profilgeometrien und Temperaturen (ohne Toleranzen)

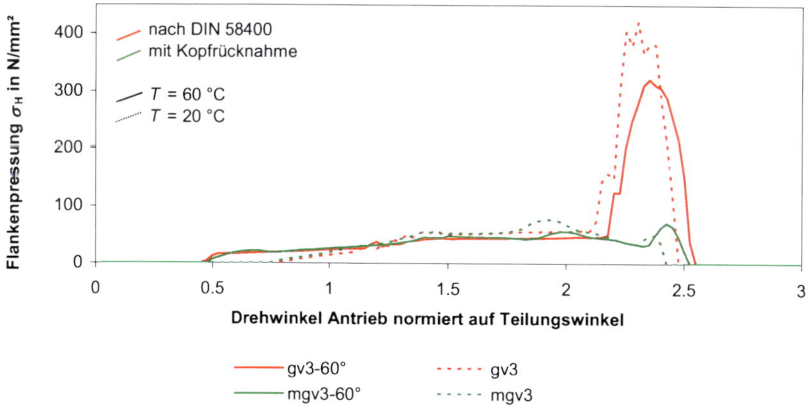

Abbildung 52: Flankenpressung σ_H eines geradverzahnten Innenradpaares für unterschiedliche Profilgeometrien und Temperaturen (mit maximaler Teilungs-Einzelabweichung)

Die Kopfrücknahme verbessert auch bei Zahnradpaaren, die bei erhöhter Temperatur eingesetzt werden, die Getriebeeigenschaften zum Teil deutlich und ist deshalb auch für diese Einsatzgebiete zu empfehlen.

4.8 Einfluss der Luftfeuchte

Die Luftfeuchte verändert den *E*-Modul von Kunststoffen und führt zu einer Ausdehnung derselben. Im Vergleich zur Temperatur spielt der Einfluss der Feuchte nach [KRA85] eine untergeordnete Rolle, vor allem dann, wenn die Wasseraufnahme, wie beim hier untersuchten Kunststoff POM, gering ist. Die nachfolgende kurze Betrachtung untersetzt dies.

Die Wasseraufnahme bei 50 % rel. Luftfeuchte und Raumtemperatur beträgt bei POM 0,2 Gew.-% (nach ISO 62). Daraus folgt eine Längenänderung von $\Delta l < 0{,}1\ \%$ [TIC04]. Dieser Wert ist um den Faktor fünf geringer als die im vorherigen Abschnitt untersuchte temperaturabhängige Ausdehnung. Zur Änderung des *E*-Moduls sind in aktuellen Datenblättern keine Angaben vorhanden. Im Rahmen dieser Arbeit wird der Einfluss der Feuchte deshalb nicht weiter untersucht. Sollen Zahnräder aus Kunststoff in ungünstiger klimatischer Umgebung eingesetzt werden, sind dazu weiterführende Betrachtungen durchzuführen.

4.9 Zusammenfassung

In Kapitel 4 wurde das Verhalten ausgewählter Getriebeeigenschaften feinwerktechnischer Zahnradpaare aus Kunststoff in Abhängigkeit des wirkenden Drehmoments, der Toleranzen, der Verzahnungsgeometrie und der Temperatur mit Hilfe der FEM untersucht. Zu den Eigenschaften gehören das Eingriffsverhalten, die Zahnverformung, die Flankenpressung und die Zahnfußspannung sowie das Übertragungs- und Reibverhalten, die für Außen- und Innenverzahnung sowie für Gerad- und Schrägverzahnung vergleichend betrachtet wurden.

Auf Grund der im Vergleich zu den Abmessungen der Verzahnung relativ großen Toleranzen und der Zahnverformungen unter Last findet für Getriebe mit Moduln $m < 1$ mm und Bezugsprofil nach DIN 58400 praktisch immer eine Eingriffsstörung in Form des Kopfkanteneingriffs beim Ein- oder Auszahnen bzw. meist sogar beim Ein- und Auszahnen statt. Die kritischste Getriebeeigenschaft ist dabei die Flankenpressung, die teilweise erheblich über den zulässigen Werkstoffkennwert ansteigt. Durch eine technologisch einfach zu realisierende Kopfrücknahme kann dies selbst für ungünstige Toleranzkonstellationen erfolgreich verhindert werden. Diese Maßnahme wirkt sich auch positiv auf das Reibverhalten der gepaarten Zahnflanken aus, wodurch eine Verbesserung des Verschleißes und ein Verringern der Geräuschemission erwartet werden können. Durch die Modifikation des Profils am Zahnkopf wird das Übertragungsverhalten der Radpaarung beeinflusst. Dessen Größenordnung ist für Leistungsgetriebe, die nicht zum Feinstellen oder Positionieren verwendet werden, aber zu vernachlässigen.

Diese mechanischen Getriebeeigenschaften bilden die Grundlage für Schwingungs- und damit für Geräuschanregungen. Von weiterführendem Interesse sind vor allem solche Parameter der Verzahnung, die großen Einfluss auf Schwingungen und Stöße haben. Die anschließenden experimentellen Untersuchungen haben das Ziel, deren Wirksamkeit auf die Geräuschentstehung messtechnisch zu erfassen.

5 Experimentelle Untersuchungen

Die Getriebe- und Betriebsparameter einer Stirnradpaarung beeinflussen deren Geräuschverhalten maßgeblich. Ziel der akustischen Messungen ist es, diese Abhängigkeiten darzustellen und sie mit den voranstehenden theoretischen Betrachtungen zu vergleichen. Dazu wird detaillierter auf die notwendigen Messgrößen, den Versuchsaufbau und die durchgeführten Messungen eingegangen. Zudem sind Untersuchungen zur Ermittlung der Verzahnungsqualitäten der zum Einsatz kommenden Räder erforderlich.

5.1 Auswahl der Getriebeparameter und Fertigung der Räder

Im Mittelpunkt der experimentellen Untersuchungen steht die Geräuschanregung durch die Verzahnung. Die Schallübertragung und -abstrahlung ist auch stark abhängig von der Getriebekonstruktion, wird aber wegen der jeweils individuellen Gegebenheiten derselben nicht näher untersucht.

Zahnradpaarungen weisen eine Vielzahl von Parametern auf, die nicht umfassend im Rahmen des experimentellen Teils dieser Arbeit untersucht werden können. Deshalb wird auf Basis der Ergebnisse der FE-Analyse (FEA) aus dem vorherigen Kapitel eine Auswahl getroffen.

Die FEA zeigt, dass der Zahnkanteneingriff bei Geradverzahnungen zu starken Schwankungen und Sprüngen in den Zeitverläufen der analysierten Spannungen und Deformationen führt und dieser somit eine signifikante Schallanregung darstellt. Die Schrägung der Verzahnung und eine Kopfrücknahme sind zwei Maßnahmen, welche diese Anregung verringern bzw. verhindern und die in der Massenfertigung von Kunststoffzahnrädern einfach und kostengünstig realisiert werden können.

Die Fertigung der Versuchsräder erfolgt ausschließlich spanend. Zum Einsatz kommen zwei kopfüberschneidende Profilfräser, wobei der eine dem genormten Bezugsprofil (DIN 58400 ff) entspricht und der andere eine Sonderanfertigung ist, welche ein Profil mit bogenförmiger Kopfrücknahme gemäß Anhang 1, Abbildung A.1 erzeugt.

Die durchgeführten Messungen konzentrieren sich auf vergleichende Untersuchungen mit den Versuchsrädern und sollen die Wirksamkeit der beiden Maßnahmen Kopfrücknahme und Schrägverzahnung beleuchten.

5.2 Akustische Messgrößen

[KRA70], [KRA86]

Die primäre akustische Größe ist der Schalldruck p. Er wird vom menschlichen Ohr über mehrere Größenordnungen hinweg wahrgenommen, weshalb zu dessen Darstellung der logarithmische Schalldruckpegel L_p dient. Dieser wird nach Gl. (5.1) berechnet, wobei der Bezugsdruck p_0 die Hörschwelle widerspiegelt. Der Schalldruck und damit auch der Schalldruckpegel sind abhängig von der Entfernung zur Quelle, der Art derselben und der Beschaffenheit der Umgebung. Zum eindeutigen und unabhängigen akustischen Beschreiben dient ausschließlich die Schallleistung P sowie deren Pegeldarstellung, der Schallleistungspegel L_W nach Gl. (5.2). Sie ist durch die Schallenergie definiert, welche eine Quelle über eine bestimmte Zeit abstrahlt. Die Schallleistung kann aber nicht direkt erfasst, sondern muss sehr aufwendig aus mehreren Messungen des Schalldrucks berechnet werden, wobei eine Reihe von Bedingungen einzuhalten sind (DIN 45630, DIN 45635 u. a.):

$$L_p = 20 \lg \frac{p}{p_0} \quad \text{mit } p_0 = 2 \cdot 10^{-5}\,\text{Pa}, \tag{5.1}$$

$$L_W = 10 \lg \frac{P}{P_0} \quad \text{mit } P_0 = 10^{-12}\,\text{W}. \tag{5.2}$$

Für die zu untersuchenden Stirnradpaare sind die akustischen Unterschiede der einzelnen Varianten und weniger die Absolutwerte von Interesse. Diese vergleichenden Betrachtungen können vereinfacht mit der Bestimmung des Schalldruckpegels durchgeführt werden. Voraussetzung dafür sind identische Bedingungen für alle Messungen.

5.3 Versuchsaufbau

Die akustischen Messungen wurden mit einem Versuchsstand für Stirnradpaare in der Geräuschmesskammer des Instituts für Feinwerktechnik und Elektronik-Design der TU Dresden durchgeführt. Diese ist ausgestattet mit Kondensator-Messmikrofonen (Mikrofonkapsel MK221 und Verstärker MV203 der Microtech Gefell GmbH, Klasse 1 DIN EN 61672) und einem 4-Kanal-Signalanalysator (OR34 mit PC-Software NVGate 6.0 der OROS GmbH).

Die Betriebsgeräusche von feinwerktechnischen Kunststoffgetrieben sind sehr gering. Um dennoch den notwendigen Abstand des Messsignals vom Störpegel zu erreichen, muss der

Versuchsstand mit erhöhtem Aufwand konzipiert sein. Der schematische Aufbau der gewählten Anordnung ist in Abbildung 53 und die Umsetzung in Abbildung 54 zu sehen.

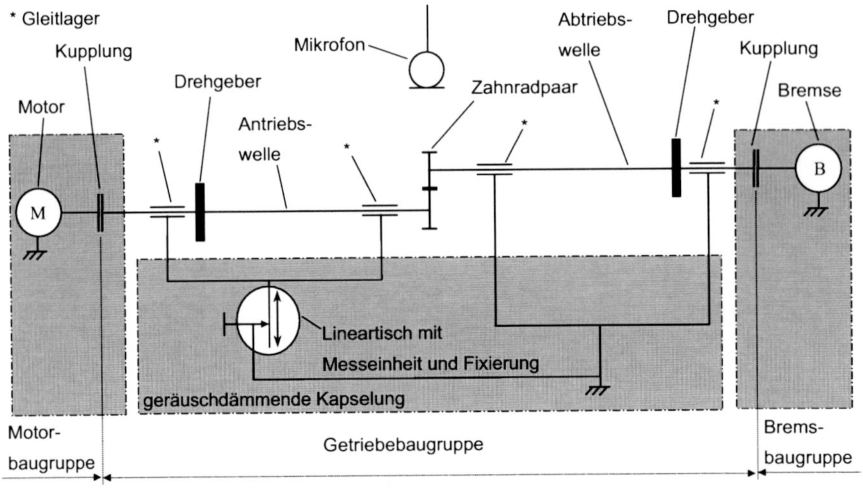

Abbildung 53: Versuchsstand zur Geräuschmessung von Zahnradpaaren, schematischer Aufbau

Der Hauptteil des Versuchsstands ist die Getriebebaugruppe. Sie beinhaltet die Antriebs- und die Abtriebswelle, welche mittels Spannzangen die zu messenden Stirnräder aufnehmen. Die Lagerung beider Wellen ist über jeweils zwei Gleitlager realisiert. Der Achsabstand wird mit einem Lineartisch eingestellt, auf dem die Lagerböcke der Antriebswelle montiert sind. Während der Geräuschmessung ist der Lineartisch an der Grundplatte mechanisch fixiert. Der Versuchsstand wird durch die Motor- und die Bremsbaugruppe komplettiert. Beide sind auf gesonderten Grundplatten montiert und durch Kupplungen mit den jeweiligen Wellen verbunden. Dadurch werden die Schwingungsanregungen auf das Messgetriebe minimiert. Während einer Geräuschmessung treibt der Motor das Getriebe lastunabhängig mit einer konstanten Drehzahl an. Das notwendige Drehmoment wird von der Bremse erzeugt.

Der Versuchsaufbau weist folgende Eigenschaften auf, um den Störabstand zum Betriebsgeräusch der geräuscharmen Stirnradpaarungen aus Kunststoff zu maximieren:

- Für die Wellenlagerungen sind Kunststoffgleitlager eingesetzt, da diese im Vergleich zu metallischen Gleit- und zu Wälzlagern im Betrieb eine höhere Schwingungs- und Geräuschdämpfung aufweisen.

- Der Antrieb und die Bremse sind eigene Baugruppen, montiert auf separaten Grundplatten. Die Verbindungen zur Getriebebaugruppe sind nur über jeweils eine Kupplung realisiert. Somit wird die Schwingungsübertragung auf das Messobjekt minimiert.
- Bis auf den Bereich direkt um das Stirnradpaar ist der gesamte Versuchsstand mit einer schalldämmenden Kapselung umgeben (Abbildung 54 unten).

Als Messergebnisse werden der mittlere Dauerschalldruckpegel $L_{\mathrm{p\,eq}}$ sowie dessen Frequenzverhalten ermittelt. Alle Messungen sind unter identischen Bedingungen durchgeführt, d. h. mit dem jeweils gleichen Aufbau, Messmikrofon und Signalanalysator. Dabei bleiben der Messabstand und unter Beachtung der kleinen Abmessungen der Getriebe auch der Richtwinkel des Mikrofons konstant.

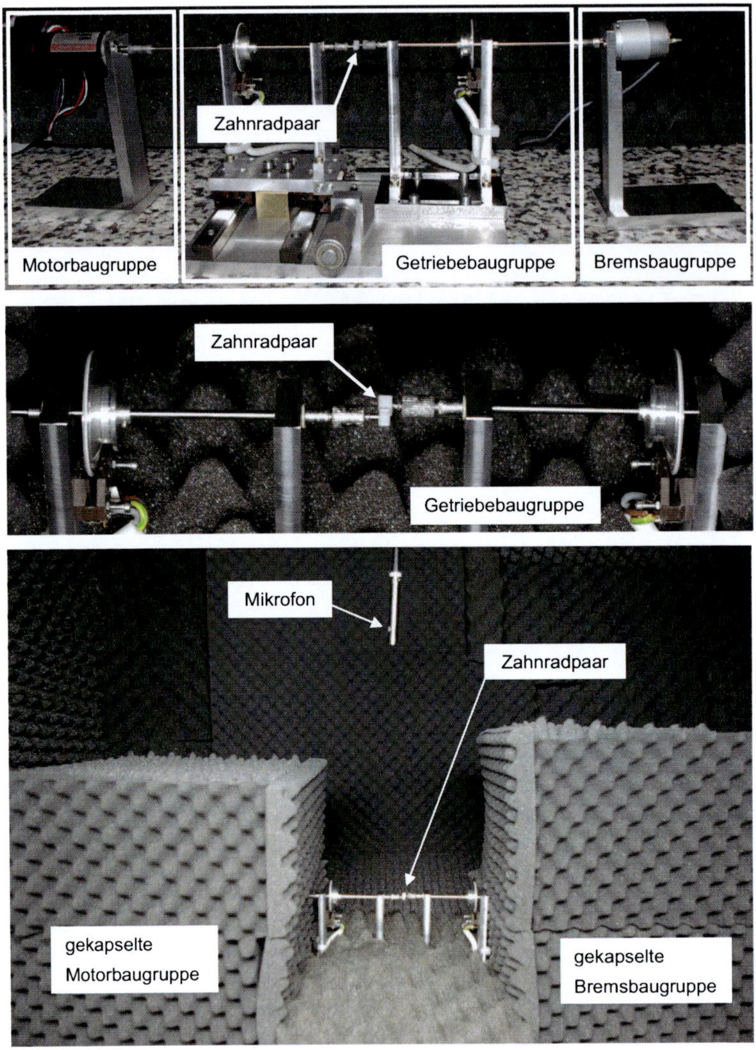

Abbildung 54: Versuchsstand zur Geräuschmessung von Zahnradpaaren
oben: Gesamtaufbau, ohne Mikrofon, geräuschdämmende Kapselung entfernt
Mitte: Detail der Getriebebaugruppe
unten: Gesamtaufbau in der Geräuschmesskammer mit schalldämmender Kapselung

5.4 Durchgeführte Messungen

Den Schwerpunkt der Untersuchungen bilden Geräuschmessungen von außenverzahnten Stirnradpaaren mit verschiedenen geometrischen Eigenschaften. Eine wesentliche Voraussetzung zur Beurteilung der Versuchsergebnisse ist die Kenntnis der Verzahnungsqualitäten der zu untersuchenden Räder. Deren Bestimmung wird deshalb vorangestellt.

5.4.1 Ermittlung der Verzahnungsqualitäten

Eine qualitätsmäßige Einstufung von Zahnrädern erfordert die Bestimmung ausgewählter Verzahnungstoleranzen und -abweichungen. Man unterscheidet bei diesen zwei Gruppen, Einzel- und Sammelabweichungen. Zu den erstgenannten gehören unter anderem die Teilungs-Einzelabweichung f_p, die Eingriffsteilungs-Abweichung f_{pe} und die Teilungs-Gesamtabweichung F_p, die Profil-Formabweichung f_f und die Profil-Gesamtabweichung F_f sowie die Rundlaufabweichung F_r. Die Sammelabweichungen erfassen die gleichzeitige Auswirkung mehrerer Einzelabweichungen und lassen sich durch Abwälzen des zu prüfenden Rades mit einem Normal, also einem Lehrzahnrad bzw. einer Lehrzahnstange bzw. -schnecke nachweisen. Zu diesen Abweichungen gehören die Einflanken- und Zweiflankenwälzabweichungen F_i' und F_i'' sowie der Einflanken- und Zweiflankenwälzsprung f_i' und f_i''.

Insbesondere bei Stirnrädern mit Moduln unter 0,5 mm sind entsprechende Messgeräte nur zum Teil verfügbar. Außerdem sind für die Funktion von Getrieben nicht alle Verzahnungstoleranzen und -abweichungen gleich wichtig. Deshalb wurden im Ergebnis umfangreicher Messprogramme an Zahnrädern kleiner Moduln in [WEI81] Qualitätskenngrößen bzw. Prüfungskomplexe vorgeschlagen, mit denen man durch Messung weniger ausgewählter Toleranzen und Abweichungen an Verzahnungen die Qualität eines Zahnrades feststellen kann. Diese sind in Anhang 2 (Punkt 1, Tabelle A.5) auszugsweise dargestellt. Man erkennt, dass unter anderem die mit einer Einflanken- oder Zweiflankenwälzprüfung bestimmbaren und oben genannten Größen dafür geeignet sind. In Übereinstimmung mit DIN 58405 wurden deshalb im Rahmen dieser Arbeit die Räder mit einem Zweiflankenwälzprüfgerät gemessen (Anhang 2, Punkt 2, Abbildung A. 2). Die erzielten Ergebnisse sind im Punkt 3 dieses Anhangs in Abbildung A. 4 dargestellt. Sie lassen erkennen, dass die für die Geräuschmessung verwendeten Räder mit Bezugsprofil nach DIN 58400 die Qualitäten 6 bis 7 und die mit korrigiertem Profil wegen des dadurch etwas geänderten Zahneingriffsverhaltens die Qualitäten 8 bis 10 aufweisen.

5.4.2 Geräuschmessungen

Im Mittelpunkt dieser Arbeit stehen Planetengetriebe, weshalb sich die Auswahl der zu untersuchenden Zahnradpaaren an diesen orientieren. Typische feinwerktechnische Planetenstufen haben eine Übersetzung von $i = 3$ bis 4. Die außenverzahnte Radpaarung ist oft so ausgeführt, dass Sonnen- und Planetenrad ähnliche Zähnezahlen aufweisen. Bei der Innenradpaarung unterscheidet sich die Anzahl der Zähne von Hohl- und Planetenrad somit um den Faktor 2 bis 3.

Die Dimensionierung aller Räder erfolgt nach [KRA93], weil das darin dargestellte Verfahren in der Praxis breite Anwendung findet. Die Räder werden so ausgelegt, dass die Belastung an ihrer zulässigen Grenze liegt. Da der Focus auf das Untersuchen der geometrischen Einflüsse gerichtet ist, erfolgen alle Versuche ohne Schmierstoff und mit gleichem Werkstoff.

Die wichtigsten Parameter der zu untersuchenden Zahnradpaaren sind in Tabelle 5.1 zusammengestellt. Die Parametersätze aller durchgeführten Geräuschmessungen sind Anhang 3 zu entnehmen.

Für jede Getriebevariante gemäß Tabelle 5.1 wurden zwei baugleiche Radpaare bei drei verschiedenen Drehzahlen mit jeweils drei Belastungen untersucht und jede Messung dreimal wiederholt. Den anschließend dargestellten Ergebnissen liegen somit 216 Einzelmessungen zu Grunde.

5.5 Ergebnisse

Dieses Kapitel stellt die Ergebnisse der Einzelmessungen zusammenfassend dar. Dazu wird ausschließlich der Schalldruckpegel L_p mit Frequenzbewertung A und Zeitbewertung S verwendet. Der so bewertete mittlere Dauerschalldruckpegel $L_{p\,eq}$ nach DIN 45635 eignet sich gut, um das Geräuschverhalten von Radpaaren mit unterschiedlichen Versuchsparametern miteinander zu vergleichen. Zum Untersuchen der Geräuschursachen ist die Spektralanalyse des Schalldruckpegel-Zeit-Verlaufs sinnvoll. Diese Ergebnisse werden im zweiten Teil dieses Kapitels dargestellt.

Tabelle 5.1: Daten der Zahnradpaare für die Geräuschmessung

Parameter	**Zeichen**	**Radpaare**			
		gerad-verzahntes Normprofil	**schräg-verzahntes Normprofil**	**geradverzahntes modifiziertes Profil**	**schrägverzahntes modifiziertes Profil**
Bezugsprofil		DIN 58400			
Besonderheit des Profils		keine		Kopfrücknahme bogenförmig kurz an beiden Rädern (s. Anhang 1)	
Werkstoff		Polyoxymethylen (POM), Hostaform C9021			
Schmierstoff		ohne			
Normalmodul	m_n	0,25 mm			
Normaleingriffswinkel	α_n	20°			
Profilverschiebungs-faktor	x	0			
Breite	b	b_{An} = 3 mm; b_{Ab} = 4 mm			
Zähnezahl	z	z_{An} = 19; z_{Ab} = 23			
Schrägungswinkel	β	0°	β_{An} = +15° β_{Ab} = -15°	0°	β_{An} = +15° β_{Ab} = -15°
Achsabstand	a	5,25 mm	5,43 mm	5,25 mm	5,43 mm
Verzahnungsqualität nach DIN 58405		6 bis 7		8 bis 10	

Die Abbildung 55 zeigt für mehrere Belastungen den mittleren Dauerschalldruckpegel $L_{p\,eq}$ über der Drehzahl n. Die Verläufe für gerad- und schrägverzahnte Radpaare mit einer Profilgeometrie nach DIN 58400 sind vergleichend dargestellt. Es ist eine starke Abhängigkeit des Pegels von der Drehzahl zu erkennen, wobei schrägverzahnte Getriebe bei gleichen Betriebsbedingungen einen signifikant geringeren Schalldruckpegel aufweisen. Die Variation der Belastung wirkt sich auf das Geräusch weniger aus als die Drehzahländerung, und sie ist nur bei den geradverzahnten Radpaaren zu beobachten.

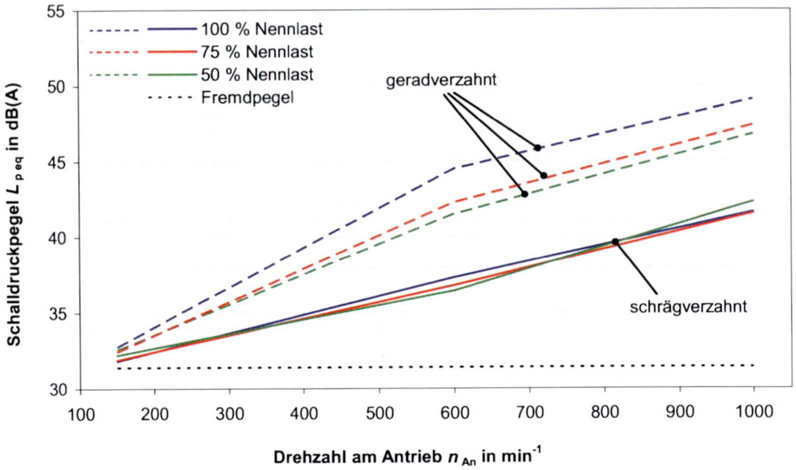

Abbildung 55: Mittlerer Dauerschalldruckpegel $L_{p\,eq}$ in Abhängigkeit der Drehzahl für gerad- und schrägverzahnte Stirnradpaare, Profilgeometrie nach DIN 58400

Im Gegensatz dazu ist bei metallischen Zahnradgetrieben der Feinwerktechnik durch Schrägverzahnung keine Verringerung des Schalldruckpegels zu erwarten. Die Teilungs-Einzelabweichungen sind so dominant, dass praktisch immer Einzeleingriff vorhanden ist und somit die Vorteile der Schrägung nicht zur Wirkung kommen [KRA66]. Kunststoffräder weisen Verzahnungsabweichungen in der gleichen Größenordnung auf, zeigen unter Last aber eine deutlich größere Verformung (s. Kapitel 4). Dadurch entsteht ein Doppel- bzw. Mehrfacheingriff, welcher zur beobachteten Abnahme des Geräuschs bei schrägverzahnten Rädern führt.

Die Ausführungen in den beiden vorangegangenen Kapiteln lassen erkennen, dass sich eine Kopfrücknahme positiv auf das Geräuschverhalten auswirken kann. Deshalb wurden solche Zahnradpaare auch experimentell untersucht. Die Abbildung 56 zeigt vergleichend die Dauerschalldruckpegel für Schräg- und Geradverzahnung bei unterschiedlichen Belastungen und Drehzahlen. Das Verhalten ist sehr ähnlich den Ergebnissen der Radpaare mit Bezugsprofil nach DIN 58400. Der Pegel ist stärker abhängig von der Drehzahl als von der Belastung und fällt für Schrägverzahnungen geringer aus.

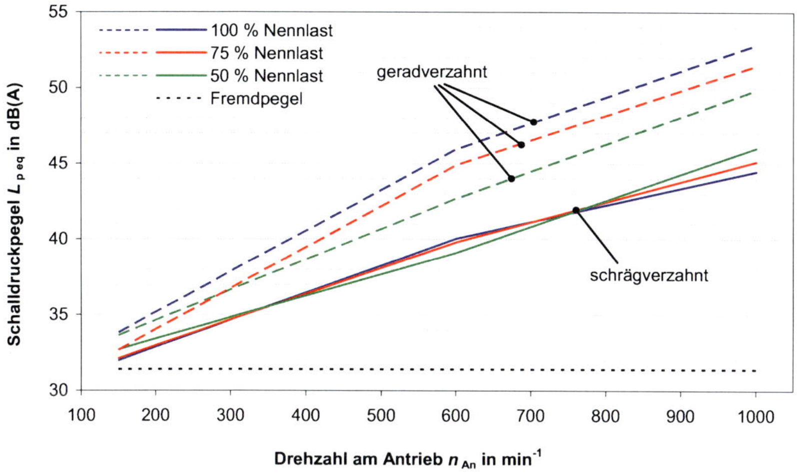

Abbildung 56: Mittlerer Dauerschalldruckpegel $L_{p\,eq}$ in Abhängigkeit der Drehzahl für gerad- und schrägverzahnte Stirnradpaare, Profilgeometrie mit Kopfrücknahme

In Abbildung 57 sind vergleichend die Verläufe der Dauerschalldruckpegel $L_{p\,eq}$ über der Drehzahl für gerad- und schrägverzahnte Stirnradpaare mit und ohne Kopfrücknahme zu sehen. Die Getriebe sind mit Nennbelastung beaufschlagt. Die Abbildung 58 stellt für die gleichen Radpaare die Abhängigkeit vom Drehmoment bei einer konstanten Drehzahl dar. Beide Diagramme zeigen, dass das modifizierte Profil unter gleichen Bedingungen und unabhängig vom Schrägungswinkel höhere Geräusche erzeugt.

Dabei muss beachtet werden, dass die Zahnräder mit Profil nach DIN 58400 Verzahnungsqualitäten von 6 bis 7 und damit um den Faktor 2 bis 4 kleinere Toleranzen aufweisen (DIN 58405-2) als die modifizierten Räder mit Qualitäten von 8 bis 10 (s. Anhang 2). Die Verzahnungsabweichungen spielen eine große Rolle für den Zahneingriff und damit auch für die Geräuschentstehung. Die gewonnenen Ergebnisse mit beiden Profilgeometrien können somit nicht direkt miteinander verglichen werden. Die nach Kapitel 4 zu erwartende geringere Geräuschentwicklung für feinwerktechnische Zahnräder aus Kunststoff mit Kopfrücknahme konnte somit noch nicht nachgewiesen werden. Dies wird als Thema zukünftiger Arbeiten empfohlen.

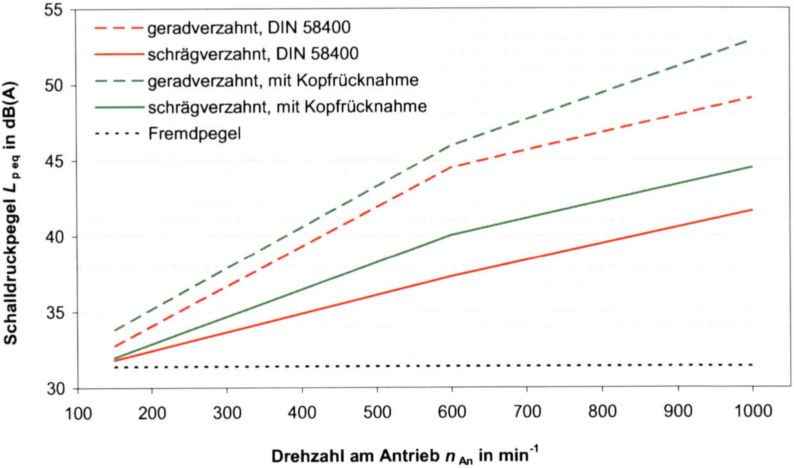

Abbildung 57: Mittlerer Dauerschalldruckpegel $L_{p\,eq}$ in Abhängigkeit der Drehzahl für gerad- und schrägverzahnte Stirnradpaare bei Nennlast mit verschiedenen Profilgeometrien

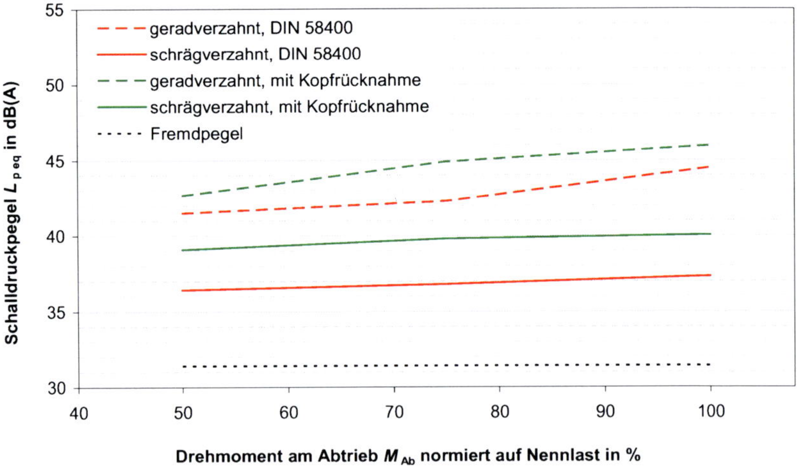

Abbildung 58: Mittlerer Dauerschalldruckpegel $L_{p\,eq}$ in Abhängigkeit des Drehmoments für gerad- und schrägverzahnte Stirnradpaare bei einer Antriebsdrehzahl von $n_{An} = 600\ min^{-1}$ mit verschiedenen Profilgeometrien

Der bisher ausgewertete Dauerschalldruckpegel eignet sich gut zum Vergleich der Geräusche verschiedener Getriebe. Dessen Transformation in den Frequenzbereich eröffnet die Möglichkeit, die signifikanten Frequenzen des Geräuschs sowie deren Amplituden einfach zu erkennen.

Das Spektrum eines geradverzahnten Stirnradpaares mit einer Profilgeometrie nach DIN 58400 bei Nennlast ist in Abbildung 59 zu sehen. Deutlich erkennbar sind die Zahneingriffsfrequenz f_z sowie deren Vielfache. Wie in Kapitel 2 beschrieben, können Geräusche, die mit diesen Frequenzen auftreten, auf die Ursachen Zahneintritts- und Zahnaustrittsstoß, Schwankung der Zahnsteife sowie Wälzkreisimpuls zurückgeführt werden. Das Spektrum zeigt weitere markante Spitzen, welche aber keiner charakteristischen Frequenz der Radpaarung oder deren Vielfachen zugeordnet werden können und damit nicht auf Getriebe- oder Betriebsparameter rückführbar sind.

Dieses Ergebnis bestätigt die Erkenntnisse aus der Simulation (s. Kapitel 4). Der Zahnein- und -austritt hat einen wesentlichen Anteil am Geräusch eines geradverzahnten Stirnradpaares. Somit ist festzustellen, dass dieser für Getriebe des Maschinenbaus allgemein gültige Fakt auch für feinwerktechnische Radpaare aus Kunststoff gilt.

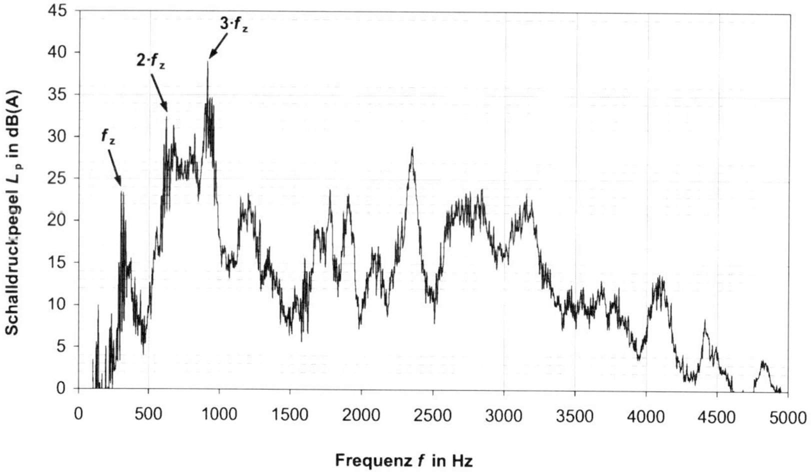

Abbildung 59: Frequenzverlauf des Schalldruckpegels L_p eines geradverzahnten Stirnradpaares bei Nennlast und einer Antriebsdrehzahl von n_{An} = 1000 min^{-1}, Profilgeometrie nach DIN 58400

Im Vergleich zum obigen Diagramm zeigt die Abbildung 60 den Frequenzverlauf für ein schrägverzahntes Stirnradpaar. Die Zahneingriffsfrequenz f_z ist nahezu nicht mehr erkennbar und liefert somit keinen Anteil am Geräusch. Die ersten beiden Vielfachen sind vorhanden, in der Amplitude aber deutlich geringer. Der gesamte Frequenzgang liegt auf einem geringeren Niveau und zeigt oberhalb von $f = 3250$ Hz keine signifikanten Amplituden mehr.

Der bei metallischen Getrieben der Feinwerktechnik beschriebene praktisch auftretende Einzeleingriff [KRA70] tritt bei Kunststoffradpaaren dieser Baugröße nicht auf. Dies ist hauptsächlich auf die deutlich größeren Zahnverformungen zurückzuführen. Die höhere Überdeckung und der allmählichere Zahneingriff schrägverzahnter Räder kommen somit zum Tragen und verringern das Laufgeräusch im Vergleich zu Geradverzahnungen. Anders als bei feinwerktechnischen metallischen Stirnradpaaren ist eine Schrägverzahnung bei Kunststoffrädern demnach sinnvoll.

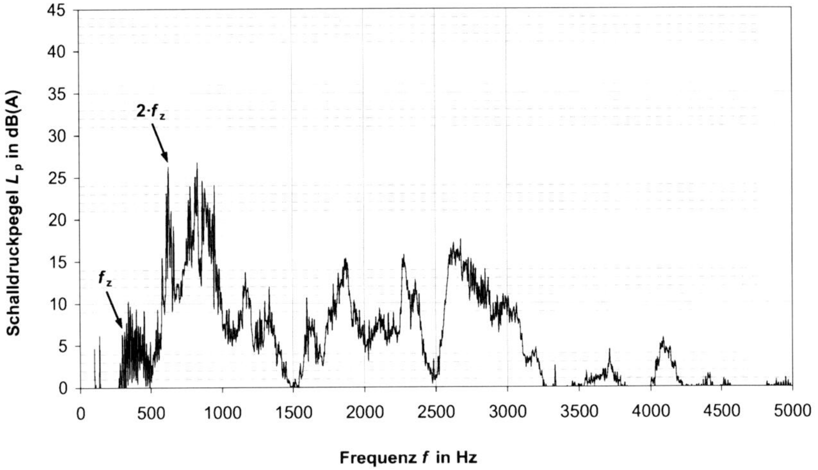

Abbildung 60: Frequenzverlauf des Schalldruckpegels L_p eines schrägverzahnten Stirnradpaares bei Nennlast und einer Antriebsdrehzahl von $n_{An} = 1000$ min^{-1}, Profilgeometrie nach DIN 58400

Das Frequenzspektrum eines geradverzahnten Stirnradpaares mit Kopfrücknahme zeigt die Abbildung 61. Die Zahneingriffsfrequenz f_z und deren Vielfache sind gut erkennbar. Auffällig ist aber deren geringe Amplitude, verglichen mit dem Ergebnis der Radpaarung mit Zahnprofil nach DIN 58400 (Abbildung 59). Dies bestätigt einen verringerten Kopfkanteneingriff.

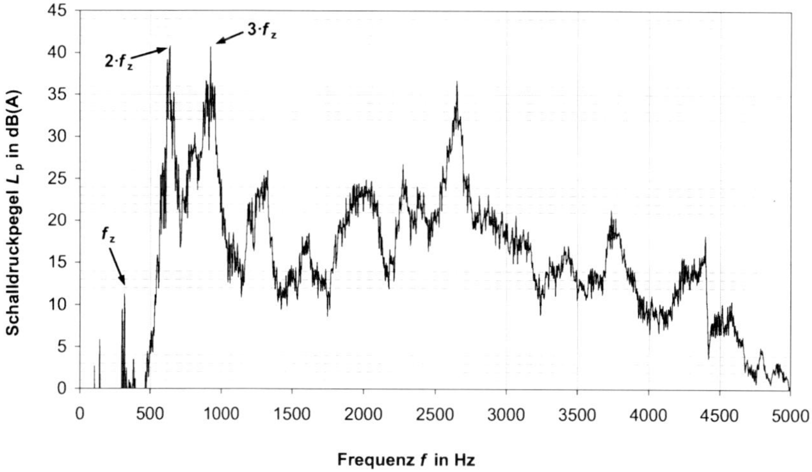

Abbildung 61: Frequenzverlauf des Schalldruckpegels L_p eines geradverzahnten Stirnradpaares bei Nennlast und einer Antriebsdrehzahl von $n_{An} = 1000 \text{ min}^{-1}$, Profilgeometrie mit Kopfrücknahme

Vergleicht man die Frequenzverläufe der Geradverzahnung (Abbildung 61) und der Schrägverzahnung (Abbildung 62) mit Kopfrücknahme, ist zu sehen, dass der Geräuschanteil, hervorgerufen durch die Zahneingriffsfrequenz f_z, bei beiden nahezu gleich groß ist. Dies steht im Gegensatz zu den Ergebnissen der Stirnradpaare ohne Profilmodifikation (s. Abbildung 59 und Abbildung 60), bei denen der Schalldruckpegel der Geradverzahnung bei der Zahneingriffsfrequenz f_z etwa um den Faktor vier höher liegt als bei schrägverzahnten Rädern. Auch dies zeigt, dass der Kopfkanteneingriff bereits durch die Kopfrücknahme weitestgehend eliminiert ist und durch die Schrägung kaum noch positiv beeinflusst werden kann, wie es bereits die theoretischen Untersuchungen belegen.

Der weitere Verlauf des Spektrums lässt Analogien zu den Getrieben mit Profilen nach DIN 58400 erkennen. Verglichen mit den geradverzahnten modifizierten Stirnrädern sind beim schrägverzahnten Getriebe mit Kopfrücknahme die Amplituden fast über den gesamten Frequenzbereich niedriger, was zu dem bereits beschriebenen geringeren Dauerschalldruckpegel führt.

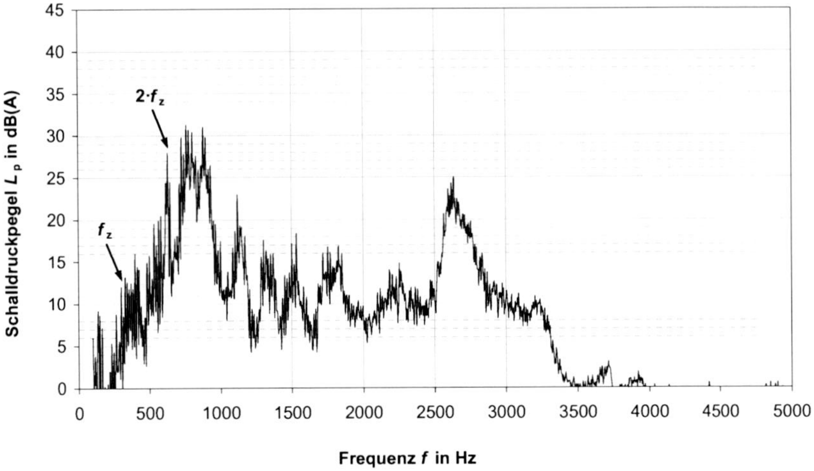

Abbildung 62: Frequenzverlauf des Schalldruckpegels L_p eines schrägverzahnten Stirnradpaares bei Nennlast und einer Antriebsdrehzahl von n_{An} = 1000 min^{-1}, Profilgeometrie mit Kopfrücknahme

5.6 Zusammenfassung

Ziel des Kapitels 5 ist es, Einflüsse der Verzahnungsgeometrie auf das Geräuschverhalten feinwerktechnischer Stirnradpaare aus Kunststoff messtechnisch zu untersuchen. Auf Grund der sehr geringen Geräuschemission dieser Getriebe wird eingangs der speziell entwickelte Versuchsaufbau vorgestellt. Nach der qualitätsmäßigen Einordnung der untersuchten Räder geht der Hauptteil des Abschnitts dann detailliert auf die Messergebnisse ein.

Zunächst wird das Geräuschverhalten gerad- und schrägverzahnter Radpaare mit Profil nach DIN 58400 vergleichend untersucht. Zusammenfassend ist festzustellen, dass der Dauerschalldruckpegel bei allen Messungen für schrägverzahnte Räder geringer ist als für geradverzahnte. Dies ist unabhängig von der Belastung und der Drehzahl zu beobachten. Die Spektren des Schalldruckpegels sind für Schrägverzahnungen über den gesamten Frequenzbereich auf einem geringeren Niveau. Besonders auffällig ist der reduzierte Pegel bei der Zahneingriffsfrequenz f_z. Dies lässt auf einen sehr geringen bzw. nicht mehr auftretenden Kopfkanteneingriff schließen.

Die für Getriebe des Maschinenbaus mit Moduln $m \geq 1$ mm bekannten Vorteile der Schrägverzahnung, wie z. B. allmählicher Zahneingriff und die größere Überdeckung, kommen auch für feinwerktechnische Zahnradgetriebe aus Kunststoff zum Tragen. Die Messergebnisse bestätigen somit die theoretischen Untersuchungen (s. Kapitel 4).

Die FE-Analysen zeigen weiterhin, dass eine Kopfrücknahme den Eintritts- und Austrittsstoß verringert und somit positive Auswirkungen auf das Geräuschspektrum hat. So zeigen geradverzahnte Radpaare mit einem Profil nach DIN 58400 im Frequenzverlauf einen signifikanten Schalldruckpegel bei der Zahneingriffsfrequenz f_z, der bei Radpaaren mit Kopfrücknahme deutlich reduziert ist. Ein positiver Einfluss der Kopfrücknahme auf den mittleren Dauerschalldruckpegel konnte hingegen messtechnisch weder nachgewiesen noch widerlegt werden. Dies ist auf die schlechte Verzahnungsqualität der Versuchszahnräder mit Profilmodifikation zurückzuführen und sollte in zukünftigen Arbeiten näher untersucht werden.

6 Gestaltungsrichtlinien für geräuscharme feinwerktechnische Planetengetriebe aus Kunststoff

Die theoretisch und experimentell gewonnenen Erkenntnisse sollen abschließend in Gestaltungsrichtlinien für geräuscharme feinwerktechnische Planetengetriebe aus Kunststoff zusammengefasst werden. Sie sind für evolventische Außen- und Innenverzahnung gleichermaßen anwendbar.

Verzahnungsqualität

Industriell gefertigte Kunststoffräder haben typischerweise eine Verzahnungsqualität zwischen 8 und 10. In diesem Qualitätsbereich sind Eingriffsstörungen im Betrieb praktisch nicht vermeidbar. Spielen Geräuschemission und Verschleißarmut eine wichtige Rolle, muss man deshalb möglichst geringe Verzahnungstoleranzen anstreben.

Profilgeometrie

Bei realen toleranzbehafteten Rädern kommt es bereits bei ca. 10 % der Nennbelastung zu Eingriffsstörungen in Form von Kopfkanteneingriff. Es ist deshalb empfehlenswert, die genormten evolventischen Zahnprofile stets mit Kopfrundungen oder Kopfrücknahme zu modifizieren, wie es Anhang 1, Abbildung A.1 zeigt. Ist die Wahl zwischen beiden aus technischen Gründen nicht eingeschränkt, sollte eine Kopfrücknahme bevorzugt werden. Deren Auslegung kann in Anlehnung an die Richtlinien für Moduln $m \geq 1$ mm, wie sie im Maschinenbau üblich sind, erfolgen.

Schrägverzahnung

Bei feinwerktechnischen Getrieben aus metallischen Werkstoffen führen die Toleranzen praktisch immer zu Einzeleingriff [KRA66]. Trotz gleicher Verzahnungsqualitäten zeigen Zahnräder aus Kunststoff wegen der größeren elastischen Verformungen aber bereits bei kleinen Lasten einen Mehrfacheingriff. Deshalb können die Vorteile der Schrägverzahnung genutzt werden, und deren Anwendung ist sinnvoll.

Drehmoment und Drehzahl

Sollen geräuscharme Getriebe entwickelt werden, so ist bei aus Motor und Getriebe bestehenden Antrieben gleicher Leistung immer derjenige mit der geringsten Eingangsdrehzahl und dem größten Drehmoment in der ersten Getriebestufe zu wählen.

Getriebeanalyse mittels FEM

Das Eingriffsverhalten und grundlegende Aspekte der Geräuschemission sind für genormte Zahnprofile bereits durch eine Reihe kommerzieller Softwarelösungen gut und mit geringem Zeitbedarf ermittelbar. Sollen aber Zahnprofile mit speziellen Abmessungen und für besondere Anforderungen verwendet werden oder ist das Verhalten der Getriebe an den technologisch erreichbaren Toleranzgrenzen von Interesse, so empfiehlt sich eine Berechnung mit Hilfe der Finite Element Methode. Die Abbildung 63 zeigt den Algorithmus zum Modellieren und Berechnen des Zahneingriffsverhaltens. Darüber hinaus gehende Informationen zum Simulationsablauf sind zu Beginn des Abschnitts 4 zu finden.

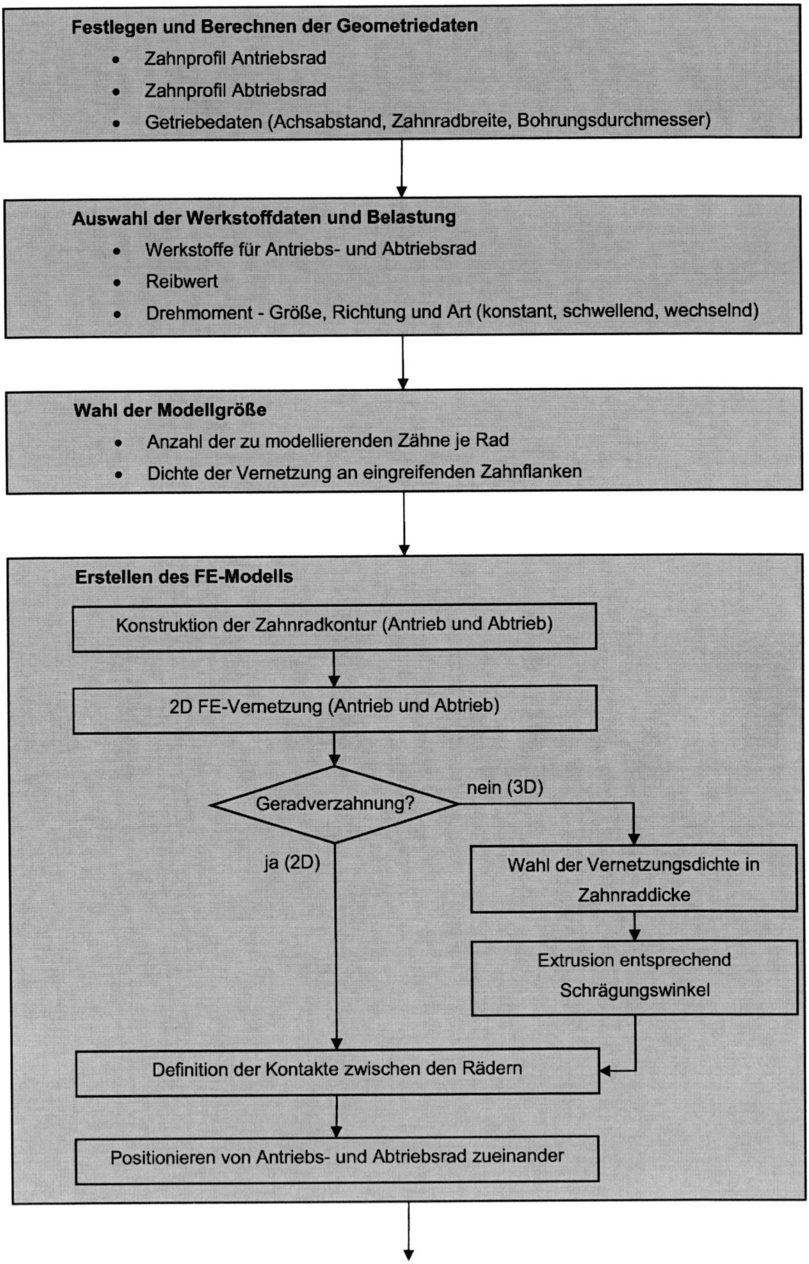
Festlegen und Berechnen der Geometriedaten
• Zahnprofil Antriebsrad
• Zahnprofil Abtriebsrad
• Getriebedaten (Achsabstand, Zahnradbreite, Bohrungsdurchmesser)
Auswahl der Werkstoffdaten und Belastung
• Werkstoffe für Antriebs- und Abtriebsrad
• Reibwert
• Drehmoment - Größe, Richtung und Art (konstant, schwellend, wechselnd)
Wahl der Modellgröße
• Anzahl der zu modellierenden Zähne je Rad
• Dichte der Vernetzung an eingreifenden Zahnflanken
Erstellen des FE-Modells
Konstruktion der Zahnradkontur (Antrieb und Abtrieb)
2D FE-Vernetzung (Antrieb und Abtrieb)
Geradverzahnung?
nein (3D)
ja (2D)
Wahl der Vernetzungsdichte in Zahnraddicke
Extrusion entsprechend Schrägungswinkel
Definition der Kontakte zwischen den Rädern
Positionieren von Antriebs- und Abtriebsrad zueinander

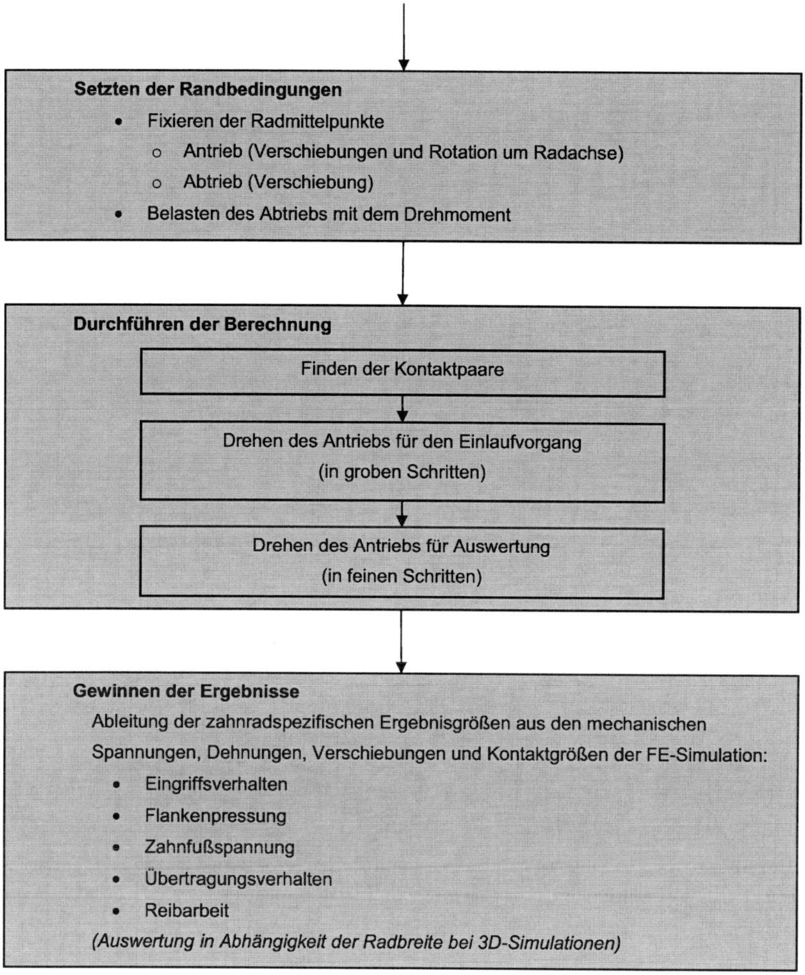

Abbildung 63: Algorithmus für die Getriebeanalyse mittels FEM

7 Gesamtzusammenfassung und weiterführende Arbeiten

Feinwerktechnische Antriebssysteme, bestehend aus einem Elektromotor und einem Getriebe, werden in nahezu allen Branchen in großen Stückzahlen eingesetzt. Dabei kommen häufig Planetengetriebe aus Kunststoff zur Anwendung. Diese müssen einerseits sehr preiswert gefertigt werden können und andererseits zunehmend den steigenden Geräuschanforderungen genügen. Um dieses Ziel zu erreichen, ist es notwendig, die Besonderheiten derartiger Getriebe zu kennen sowie die Einflüsse der Verzahnungsgeometrie, der Belastung, der Toleranzen und der Einsatzbedingungen auf das Betriebsverhalten sowie auf das Getriebegeräusch zu verstehen.

Ausgehend vom Stand der Technik wird in der vorliegenden Arbeit zunächst eine geeignete Berechnungsmethode entwickelt, mit der solche Getriebe bezüglich ihrer Eigenschaften wie Zahndeformationen, Eingriffsverhalten, Flanken- und Fußbelastungen sowie das Übertragungs- und Reibverhalten analysiert werden können. Die anschließende Variantendiskussion wird an beispielhaft gewählten Zahnradgetrieben mit dem Modul $m = 0{,}25$ mm, der Verzahnungsqualität 8 und dem gängigen Zahnradwerkstoff Polyoxymethylen (POM) durchgeführt. Messtechnische Untersuchungen ergänzen diese theoretischen Betrachtungen. Die so gewonnenen Erkenntnisse werden abschließend in Gestaltungsrichtlinien zusammengefasst und verallgemeinert.

Berechnungsmethode

Die mechanischen Stoß- und Schwingungsanregungen während des Betriebs von Zahnradgetrieben bilden die Grundlage für die Geräuschemission und stehen deshalb im Mittelpunkt der Berechnungen. Deren Ziel ist es, Aussagen zum Eingriffsverhalten, zur Zahnverformung, zur Flankenpressung und zur Zahnfußspannung sowie zum Übertragungsverhalten und zur Reibarbeit treffen zu können. Analytische Methoden sind für solche Untersuchungen nur sehr bedingt bzw. nicht anwendbar, so dass Simulationsverfahren eingesetzt werden müssen. Die Finite Elemente Methode eignet sich für diese Problemstellungen optimal. Es wird detailliert auf das Modellieren der Getriebe, die verwendeten Randbedingungen und den Simulationsablauf eingegangen. Diese Methodik ist sowohl für gerad- und schrägverzahnte Zahnräder als auch für Außen- und Innenverzahnungen anwendbar.

Simulationsergebnisse

Verglichen mit Getrieben des Maschinenbaus mit Modul $m \geq 1$ mm liegt die Besonderheit feinwerktechnischer Verzahnungen in den großen Toleranzen relativ zu deren Nennmaßen. Diese geometrischen Abweichungen in Kombination mit Kunststoff als Zahnradwerkstoff beeinflussen die Betriebseigenschaften der Getriebe wesentlich.

Die FE-Analysen geradverzahnter Außenradpaare zeigen unter Last eine deutliche Deformation des Kontaktbereiches, wodurch entlang der Flanke keine Punktberührung mehr zu beobachten ist, sondern sich die Länge der Berührung bei Nennlast auf 15 bis 20 % der Zahnhöhe ausweitet. Zusammen mit der ebenfalls signifikanten Zahndeformation von Kunststoffrädern führt dies bereits bei einer Zahngeometrie ohne Toleranzen zu Kopfkanteneingriff beim Ein- und Auszahnen. Werden Toleranzkonstellationen in den Berechnungen berücksichtigt, steigen die resultierenden Eingriffsstörungen teilweise erheblich an. Diese sind selbst dann noch vorhanden, wenn am Getriebe nur 10 % der Nennbelastung wirken. Der kritische Parameter ist dabei die Flächenpressung. Sie steigt bei Nennbelastung und abweichungsfreien Getrieben bereits über die zulässigen Werkstoffwerte an. Treten ungünstige Toleranzkombinationen auf, werden diese Grenzwerte teilweise deutlich überschritten, was zu massivem Verschleiß, aber auch zu erhöhter Schwingungs- und damit Geräuschanregung führen kann. Auch die Drehwinkelübertragungsabweichungen zeigen auf Grund der teilweise starken Eingriffsstörungen deutliche Schwankungen, die aber für Leistungsgetriebe, welche nicht zum exakten Positionieren eingesetzt werden, akzeptabel erscheinen.

Die Kopfrücknahme stellt eine für die Massenfertigung technologisch einfach realisierbare Profilmodifikation dar. Die Simulationsergebnisse mit derartigen Zahnrädern zeigen ein Eingriffsverhalten mit signifikant reduziertem bzw. eliminiertem Kopfkanteneingriff. Dies ist sowohl unabhängig von den wirkenden Belastungen als auch von den Toleranzen zu beobachten und verbessert die Betriebseigenschaften somit markant. Sehr deutlich wird diese Verbesserung an der Reibarbeit, welche im Kontaktbereich der eingreifenden Flanken verrichtet wird. Diese physikalische Größe beinhaltet sowohl die Flankenpressung als auch den Gleitweg. Sie kann deshalb als Indikator für die Wärmeentwicklung an der Zahnoberfläche und damit den Wirkungsgrad sowie den Reibverschleiß und letztendlich auch für das Geräuschverhalten herangezogen werden. Die Reibarbeit ist für Radpaare mit Kopfrücknahme um den Faktor 5 bis 10 geringer als für Getriebe mit genormtem Bezugsprofil. Dies gilt verstärkt für die praktisch relevanten toleranzbehafteten Räder. Den genannten Vorteilen dieser Profilmodifikation am Zahnkopf steht die Verschlechterung des

Übertragungsverhaltens solcher Radpaare gegenüber. Die ermittelte Größenordnung ist für die betrachteten Leistungsgetriebe aber zu vernachlässigen.

Geradverzahnte Innenradpaare zeigen sehr ähnliche Ergebnisse wie außenverzahnte Getriebe. Im Unterschied zu diesen sind bei ungünstigen Toleranzsituationen die Eingriffsstörungen und die damit verbundenen Konsequenzen aber nochmals deutlicher ausgeprägt. Eine Profilmodifikation in Form der Kopfrücknahme ist deshalb sehr empfehlenswert.

Aus den geometrischen Gegebenheiten schrägverzahnter Zahnradpaare ergibt sich ein quasi punktueller Kontakt der kämmenden Zahnflanken zum Eingriffsbeginn und zum Eingriffsende. Dieser stellt die Haupteingriffsstörung dar, kann aber ebenfalls durch eine sinnvolle Profilmodifikation sehr gut eingeschränkt werden. Darüber hinaus zeigt die Schrägungverzahnung bei feinwerktechnischen Getrieben aus Kunststoff sehr ähnliche Vorteile, wie sie aus dem Maschinenbau hinlänglich bekannt sind. Der konstruktive Mehraufwand durch den axialen Kraftanteil muss dafür aber in Kauf genommen werden.

Messergebnisse

Die Messungen haben zum Ziel, Einflüsse der Verzahnungsgeometrie auf das Geräuschverhalten zu untersuchen. Der Focus liegt dabei vor allem in der Validierung solcher Parameter, die aus den Simulationen als vorteilhaft hervorgegangen sind.

In Folge der sehr geringen Geräuschemission feinwerktechnischer Stirnradgetriebe aus Kunststoff wird zunächst der spezielle Versuchsaufbau vorgestellt. Dieser ist sehr aufwendig, aber zwingend notwendig, um die geringen Pegelunterschiede messtechnisch überhaupt erfassen zu können.

Zusammenfassend ist für die vergleichende Analyse gerad- und schrägverzahnter Radpaare festzustellen, dass der Dauerschalldruckpegel bei allen Messungen für schrägverzahnte Räder geringer ist. Sowohl die Belastung als auch die Drehzahl beeinflussen dieses Ergebnis nicht. Die Spektren des Schalldruckpegels sind für Schrägverzahnungen über dem gesamten Frequenzbereich auf einem geringeren Niveau. Die Resultate zeigen weiterhin, dass durch eine Kopfrücknahme die Geräuschemission positiv beeinflusst wird. Besonders auffällig ist der reduzierte Pegel bei der Zahneingriffsfrequenz, was auf einen sehr geringen Kopfkanteneingriff schließen lässt. Dieser Effekt ist bei geradverzahnten Radpaaren sehr viel stärker ausgeprägt als bei schrägverzahnten.

Insgesamt bestätigen die Geräuschmessungen eine gute Übereinstimmung mit den Ergebnissen der theoretischen Untersuchungen. Lediglich zur Auswirkung einer Kopfrücknahme bedarf es weiterführender Arbeiten. Eine solche Korrektur der Flanke muss so erfolgen, dass unter Nennlast ein möglichst exakter evolventischer Eingriff erfolgt, da sonst mit Zahneingriffstörungen zu rechnen ist. Die untersuchten Räder haben Verzahnungsqualitäten von etwa 8 bis 10, wie sie bei den angewendeten Fertigungsverfahren und den miniaturisierten Abmessungen typisch sind. Damit liegen auch relativ große Teilungs-Einzelabweichungen vor, die Eingriffsstöße bewirken, so dass die Kopfkürzung immer nur eine mittlere Kontur der korrigierten Flanke aufweisen kann. Es muss deshalb künftig unter anderem in Abhängigkeit der Verzahnungsqualität und der zu übertragenden Last für den jeweiligen Anwendungsfall eine optimale Flankenkorrektur gefunden werden, wie es ähnlich auch bei Stirnradgetrieben des Maschinenbaus erfolgt.

Weiterführende Arbeiten

Die vorliegende Arbeit liefert einen Beitrag, um kostengünstige geräuscharme Leistungsgetriebe für feinwerktechnische Anwendungen aus Kunststoff zu konzipieren, zu fertigen und zu betreiben. Die gewonnenen Erkenntnisse sind einerseits in Gestaltungsrichtlinien zusammengefasst, zeigen aber andererseits eine Reihe interessanter Forschungsthemen auf, die lohnenswert erscheinen, um in weiterführenden Arbeiten tiefer analysiert zu werden.

Zunächst wird es als sinnvoll erachtet, den Nachweis für die Wirksamkeit der Kopfrücknahme zur Dauerschalldruckpegelsenkung zu vollenden. Darüber hinaus sollten solche zusätzlichen Profilmodifikationen untersucht werden, die mit technologisch einfachen Mitteln realisierbar sind. Sehr interessant erscheint auch die Frage, ob drehzahlabhängige optimierte Zahnprofile existieren, die besonders ruhige Betriebseigenschaften aufweisen.

Neben diesen geometrischen Aspekten sind werkstofftechnische Untersuchungen sowie detailliertere Analysen zu den Betriebsbedingungen der Getriebe vertiefenswert. Zusätzlich zu den beschriebenen toleranzbedingten und lastabhängigen Eingriffsstörungen können bei Kunststoffen weitere Abweichungen durch Kriechen und Relaxation während der Lebensdauer erwartet werden. Wie groß diese sind und welche Auswirkungen sich dadurch ergeben, ist weitgehend unbekannt.

Die beschriebene Reibarbeit ist ein Indikator für die Wärmeentwicklung an der Zahnoberfläche, für den Wirkungsgrad, für den Reibverschleiß und damit für die Lebensdauer sowie letztendlich auch für das Geräuschverhalten. Die Erforschung der theoretischen Zusammenhänge dieser Größen ist sehr empfehlenswert. Gelänge dies, wäre ein Kennwert verfügbar, der Aussagen zu mehreren Getriebeeigenschaften erlauben würde, ohne diese einzeln bestimmen zu müssen.

Literatur

[DÜZ09] *Düzükoglu, H.:* PA 66 spur gear durability improvement with tooth width modification. Journal of Material and Design, vol. 30, 2009, p.1060-1067

[ENS08] Tecaform AH, POM-Copolymer. Firmenschrift, Ensinger GmbH, Nufringen, 2008

[ERH85] *Erhard, G.; Strickle, E.:* Maschinenelemente aus thermoplastischen Kunststoffen: Lager und Antriebselemente. 2. Aufl. Düsseldorf: VDI-Verlag, 1985

[ERH99] *Erhard, G.:* Konstruieren mit Kunststoffen. 4. Aufl. München, Wien: Carl Hanser Verlag, 2008

[ESS96] *Essinger, J.; Riecke, J.:* Konstruktion von Getrieben mit Kunststoffbauteilen. Antriebstechnik 35 (1996) Nr. 6, S. 32 - 36

[FAA98] *Faatz, P.; Ehrenstein, G. W.; Ebert, K.-H.:* Getriebe aus Kunststoffzahnrädern, Teil 1. KEM (1998) 7, S. 70-71

[FAA98b] *Faatz, P.; Ehrenstein, G. W.; Ebert, K.-H.:* Getriebe aus Kunststoffzahnrädern, Teil 2. KEM Sonderheft (1998) 2, S. 28-29

[FEU07] *Feulner, R.; Schmidt, W.:* Kunststoffgetriebe für die Medizintechnik. Konstruktion Sonderausgabe S1 (2007), S. 42

[FEU08] *Feulner, R.:* Verschleiß trocken laufender Kunststoffgetriebe. Dissertation Universität Erlangen-Nürnberg, 2008

[FRA03] *Fraulob, S.; Kulke, M.; Witt, R.; Nagel, Th.:* FEM-Simulation von Polychloroprene-Zahnriemen. 8. Fachtagung Zahnriemengetriebe, TU Dresden, IFTE, September 2003

[GRA95] *Gradu, M.; Langenbeck, K.:* Planetengetriebe mit ungleichmäßig auf dem Umfang angeordneten Planetenrädern. Antriebstechnik 34 (1995) Nr. 6, S.62-65

[KAR10] *Karimpour, M.; Dearn, K. D.; Walton, D.:* A kinematic analysis of meshing polymer gear teeth. Proc. IMechE, Part L: Journal of Materials: Design and Applications, Vol. 224, 2010, p. 101-115

[KIS11] *Kissling, U.:* Festigkeitsberechnung von Stirnrädern - Unterschiede zwischen ISO 6336, DIN 3990 und AGMA 2001. KISSsoft AG, www.kisssoft.ch/deutsch/downloads/ISODINvsAGMA.pdf (24.03.2011)

[KRA03] *Krause, W.:* Flankenspiel bei Kunststoffzahnrädern. Antriebstechnik 42 (2003) Nr. 7, S. 41 - 43

[KRA13] *Krause, W.:* Messung der Verlustleistung bei Klein- und Mikrogetrieben. Jahrbuch Optik und Feinmechanik, 2013, S. 183 - 197

[KRA66] *Krause, W.:* Untersuchungen zum Geräuschverhalten evolventenverzahnter wälzgefräster Geradzahnstirnräder der Feinwerktechnik. Dissertation TU Dresden, 1966

[KRA70] *Kraag, W.; Weißling, H.:* Schallpegelmeßtechnik. Berlin: Verlag Technik, 1970

[KRA85] *Krause, W.:* Plastzahnräder. Berlin: Verlag Technik, 1985

[KRA86] *Krause, W.:* Gerätekonstruktion in Feinwerktechnik und Elektronik. 3. stark bearb. Aufl. München, Wien: Carl Hanser Verlag, 2000

[KRA93] *Krause, W.:* Konstruktionselemente der Feinmechanik. 3. stark bearb. Aufl. München, Wien: Carl Hanser Verlag, 2004

[KRA95] *Krause, W.:* Lärmminderung in der Feinwerktechnik. Düsseldorf: VDI-Verlag, 1995

[KRA96] *Krause, W.:* Betriebsverhalten feinwerktechnischer Stirnradgetriebe, Teil I: Genauigkeit der Bewegungsübertragung. F&M Feinwerktechnik Mikrotechnik Mikroelektronik 104 (1996) 11-12, S. 858 - 860

[KRA97] *Krause, W.:* Betriebsverhalten feinwerktechnischer Stirnradgetriebe, Teil II: Verlustleitung und Wirkungsgrad. F&M Feinwerktechnik Mikrotechnik Mikroelektronik 105 (1997) 1-2, S. 50 - 52

[LIN10] *Linke, H.:* Stirnradverzahnung. 2. vollständig überarb. Aufl. München, Wien: Carl Hanser Verlag, 2010

[LIN96] *Linke, H.:* Stirnradverzahnung. München, Wien: Carl Hanser Verlag, 1996

[LOO96] Looman, J.: Zahnradgetriebe. 3. neubearb. und erw. Aufl., Berlin: Springer Verlag, 1996

[MEL08] *van Melick, H.:* Zahnverformungseffekte bei Kunststoffstirnrädern. Antriebstechnik 47 (2008) Nr. 6, S. 36 - 43

[NIE89] *Niemann, G.; Winter, H.:* Maschinenelemente. Band II Getriebe allgemein, Zahnradgetriebe - Grundlagen, Stirnradgetriebe. 2. Aufl., 2. berichtigter Nachdruck, Berlin, Heidelberg: Springer Verlag, 1989

[SIL95] *Sill, K. F.:* Richtige Auswahl einbaufertiger Planetengetriebe. F&M Feinwerktechnik Mikrotechnik Mikroelektronik 103 (1995) 5, S. 256 - 260

[SMI83] *Smith, J. D.:* Gears and their vibration. London: Macmillan Press, 1983

[TAB06] *Taburdagitan M.; Akkok, M.:* Determination of surface temperature rise with thermo-elastic analysis of spur gears. Journal of Wear, vol. 261, 2009, p.656-665

[TER84] *Terashima, K.; Tsukamoto, N.; Shi, J.:* Development of plastic gears for power transmission: Power Transmission Mechanism of Plastic Gears. Bulletin of JSME. vol. 27, no. 231,1984, p.2061-2068

[THÜ00] *Thüringen, C.:* Zahnradgetriebe für Mikromotoren. Fortschritt-Berichte VDI Reihe 1 Nr. 326. Düsseldorf: VDI-Verlag, 2000

[TIC04] Hostaform, Acetalcopolymerisat (POM). Firmenschrift, Ticona GmbH, Frankfurt am Main, 2004

[TSA97] *Tsai, M.-H.; Tsai, Y.-C.:* A method for calculating static transmission errors of plastic spur gears using FEM evaluation. Journal of Finite Elements in Analysis and Design, vol. 27, 1997, p.345-357

[TSU91] *Tsukamoto, N.; Maruyama, H.; Ikuta, T.:* Development of Low-Noise Gears. JSME Int. Journal, Series III, Vol. 34, No. 2, 1991

[VOL90] Volmer, J.: Getriebetechnik, Umlaufrädergetriebe. Berlin: Verlag Technik, 1990

[WAL02] *Walton, D.; Cropper, A. B.; Weale, D. J.; Klein Meuleman, P.:* The efficiency and friction of plastic cylindrical gears Part 1: Influence of materials. Proc. IMechE, Part J: Journal of Engineering Tribology, Vol 216, 2002, p. 75-92

[WAL02b] *Walton, D.; Cropper, A. B.; Weale, D. J.; Klein Meuleman, P.:* The efficiency and friction of plastic cylindrical gears Part 2: Influence of tooth geometry. Proc. IMechE, Part J: Journal of Engineering Tribology, Vol 216, 2002, p. 93-103

[WAL95] *Walton, D.; Tessema, A. A.; Hooke, C. J.; Sbippen, J.:* A note on tip relief and backlash allowances in non-metallic gears. Proc. IMechE, Part C: Journal of Mechanical Engineering Science, Vol. 209, 1995, p. 383-388

[WAN88] *Wandel, R.:* Minderung stoßerzeugter Geräusche in Erzeugnissen der Gerätetechnik. Dissertation, TU Dresden, 1988

[WEI81] *Weinhold, H.; Krause, W.:* Das neue Toleranzsystem für Stirnradverzahnungen. Berlin: Verlag Technik, 1981

[ZEI08] Standardprogramm Baukasten 2008. Produktkatalog, Zeitlauf GmbH Antriebstechnik & Co. KG, Lauf a. d. Pegnitz

DIN 3960 Begriffe und Bestimmungsgrößen für Stirnräder und Stirnradpaare mit Evolventenverzahnung (Ausg. 1987-03)

DIN 3961 Toleranzen für Stirnradverzahnungen; Grundlagen (Ausg. 1978-08)

DIN 3962 Toleranzen für Stirnradverzahnungen; Toleranzen der Verzahnung (Ausg. 1978-08)

DIN 3963 Toleranzen für Stirnradverzahnungen; Toleranzen für Wälzabweichungen (Ausg. 1978-08)

DIN 3990 Tragfähigkeitsberechnung von Stirnrädern (Ausg. 1987-12)

DIN 45630 Grundlagen der Schallmessung (Ausg. 1971-12)

DIN 45635 Geräuschmessung an Maschinen (Ausg. 1984-04)

DIN 58400 Bezugsprofil für Evolventenverzahnungen an Stirnrädern für die Feinwerktechnik (Ausg. 1984-06)

DIN 58405 Stirnradgetriebe der Feinwerktechnik (Ausg. 1972-05)

DIN 58411 Wälzfräser für Stirnräder der Feinwerktechnik mit Modul 0,1 bis 1 mm (Ausg. 1987-11)

DIN 58412 Bezugsprofile für Verzahnungswerkzeuge der Feinwerktechnik (Ausg. 1987-11)

DIN 58413 Toleranzen für Wälzfräser der Feinwerktechnik (Ausg. 1987-11)

DIN 867 Bezugsprofile für Evolventenverzahnungen an Stirnrädern für den allgemeinen Maschinenbau und den Schwermaschinenbau (Ausg. 1986-02)

DIN 868 Allgemeine Begriffe und Bestimmungsgrößen für Zahnräder, Zahnradpaare und Zahnradgetriebe (Ausg. 1976-12)

DIN EN 61672 Elektroakustik - Schallpegelmesser (Ausg. 2003-10)

ISO 62 Kunststoffe - Bestimmung der Wasseraufnahme (Ausg. 2008-05)

VDI 2157 Planetengetriebe; Begriffe, Symbole, Berechnungsgrundlagen (Ausg. 1978-09, gepr. 2002-11)

VDI 2545 Zahnräder aus thermoplastischen Werkstoffen (Ausg. 1981-01, zurückgezogen 1996-09)

Anhang 1 Getriebevarianten für die Finite Elemente Analyse (FEA)

Tabelle A.1: Übersicht der FEA-Varianten geradverzahnter Getriebe (gv: geradverzahnt; mgv: modifiziert geradverzahnt)

Variante	Teilungs-Einzelabweichung f_p		Werkstoff	Achsabstandstoleranz A_a	Besonderheiten	Nennlast
	Antriebsrad	Abtriebsrad				
gv1	0 µm	0 µm	Stahl / Stahl	0 µm	Profil nach DIN 58400	100 %
gv2			POM / POM			
gv3	+16 µm	-16 µm				
gv4	-16 µm	+16 µm				
gv5	0 µm	0 µm		-20 µm		
gv6				+20 µm		
gv7	+16 µm	-16 µm		-20 µm		
gv8				+20 µm		
gv9	0 µm	0 µm	Stahl / Stahl	0 µm		50 %
gv10			POM / POM			
gv11	+16 µm	-16 µm				
gv12	0 µm	0 µm	Stahl / Stahl			10 %
gv13			POM / POM			
gv14	+16 µm	-16 µm				
mgv2	0 µm	0 µm			Kopfrücknahme bogenförmig kurz an beiden Rädern	100 %
mgv3	+16 µm	-16 µm				
mgv10	0 µm	0 µm				50 %
mgv11	+16 µm	-16 µm				
mgv13	0 µm	0 µm				10 %
mgv14	+16 µm	-16 µm				
gv2-60°	0 µm	0 µm			Umgebung 60 °C	100 %
gv3-60°	+16 µm	-16 µm				
mgv2-60°	0 µm	0 µm			Umgebung 60 °C; Kopfrücknahme bogenförmig kurz an beiden Rädern	
mgv3-60°	+16 µm	-16 µm				
gv2 R = 10	0 µm	0 µm	POM / POM	0 µm	R = 10 µm	100 %
gv2 R = 20					R = 20 µm	

Hinweise:

- Die Werte für die Teilungs-Einzelabweichung f_p sind gewählt nach [WEI81].
- Die Werte für die Achsabstandstoleranz A_a sind gewählt nach DIN 58405 Blatt 2.
- Die Radien R der Kopfrundungen stellen sich durch überschneidende Werkzeuge bei der Fertigung ein. Sie sind in der Literatur nicht verfügbar. Auf der Basis des Fußrundungsradius ρ_{f0} des Werkzeugbezugsprofils nach DIN 58412 sind Werte für die Kopfrundung von R = 10 µm und R = 20 µm festgelegt, Abbildung A.1.
- Die Kopfrücknahme ist entsprechend der Empfehlung für Verzahnungen des Maschinenbaus nach [NIE89] so gewählt, dass sie im Belastungsfall ungefähr der Zahnverformung λ entspricht. Diese liegt für die betrachteten Kunststoffräder im Bereich von λ = 15 … 20 µm (s. Kapitel 4.4.2). Die Länge der Korrektur in radialer Richtung kann lang (vom Zahnkopf bis zum Einzeleingriffspunkt) oder kurz (die Hälfte der langen Korrektur) und die Form der Rücknahme linear oder bogenförmig ausgeführt werden. Diese unterschiedlichen Varianten wurden in Vorsimulationen untersucht. Daraus resultiert die gewählte Modifikation mit C_a = 20 µm und bogenförmig kurzer Gestalt (Abbildung A.1).

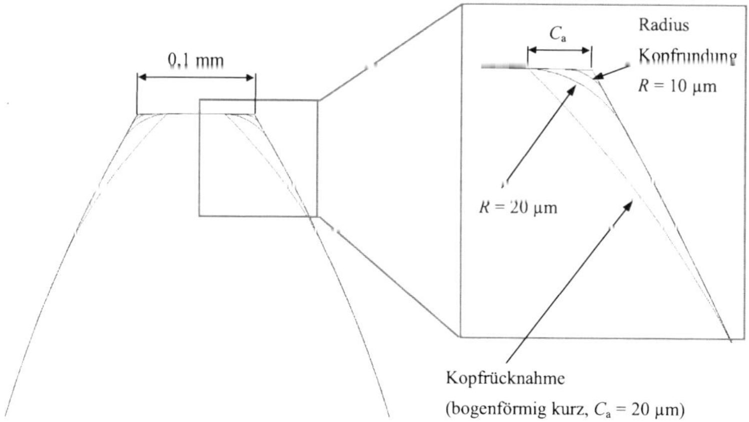

Abbildung A.1: Kopfrundung und Kopfrücknahme vergleichend, für Zahnrad mit Modul m = 0,25 mm

Tabelle A.2: Übersicht der FEA-Varianten schrägverzahnter Getriebe (sv: schrägverzahnt; msv: modifiziert schrägverzahnt)

Variante	Teilungs-Einzelabweichung *fp*		Profilmodifikation	Werkstoff
	Antriebsrad	Abtriebsrad		
sv1	0 µm	0 µm	Profil nach DIN 58400	Stahl / Stahl
sv2	0 µm	0 µm	Profil nach DIN 58400	POM / POM
sv3	+16 µm	-16 µm	Profil nach DIN 58400	POM / POM
msv2	0 µm	0 µm	Kopfrücknahme bogenförmig kurz an beiden Rädern	POM / POM
msv3	+16 µm	-16 µm	Kopfrücknahme bogenförmig kurz an beiden Rädern	POM / POM

Tabelle A.3: Übersicht der FEA-Varianten innenverzahnter Getriebe (iv: innenverzahnt; miv: modifiziert innenverzahnt)

Variante	Teilungs-Einzelabweichung *fp*		Profilmodifikation	Werkstoff
	Antriebsrad	Abtriebsrad (Hohlrad)		
iv1	0 µm	0 µm	Profil nach DIN 58400	Stahl / Stahl
iv2	0 µm	0 µm	Profil nach DIN 58400	POM / POM
iv3	+16 µm	-16 µm	Profil nach DIN 58400	POM / POM
iv4	-16 µm	+16 µm	Profil nach DIN 58400	POM / POM
miv2	0 µm	0 µm	Kopfrücknahme bogenförmig kurz an beiden Rädern	POM / POM
miv3	+16 µm	-16 µm	Kopfrücknahme bogenförmig kurz an beiden Rädern	POM / POM
miv4	-16 µm	+16 µm	Kopfrücknahme bogenförmig kurz an beiden Rädern	POM / POM

Tabelle A.4: Verwendete Werkstoffdaten für die FEA

Werkstoff	Werte für Berechnung			Werte für Bewertung	
	E-Modul	Querkontraktionszahl	Reibwert gegeneinander	zulässige Flächenpressung	zulässige Spannung (Zeitfestigkeit)
Stahl (18CrNiMo7)	206 GPa	0,3	0,1	nicht verwendet	nicht verwendet
POM (Copolymer), unverstärkt	2,1 GPa [TIC04]	0,49 [TIC04]	0,28 [TIC04]	135 MPa [TIC04]	40 MPa [ENS08]

Anhang 2 Verzahnungsqualität der Radpaare für die Geräuschmessung

1. Empfohlene Qualitätskenngrößen für die Zuordnung zu Verzahnungsqualitäten

In [WEI81] sind Qualitätskenngrößen bzw. Prüfkomplexe aufgeführt, mit denen die Verzahnungsqualität von Einzelrädern bestimmt werden kann. Die Versuchsräder haben einen Modul von $m = 0{,}25$ mm, wodurch sich die Anzahl möglicher Prüfungsverfahren einschränkt. Die Zweiflankenwälzprüfung ist aber auch mit solch kleinen Moduln durchführbar und der daraus ermittelte Zweiflankenwälzsprung f_i'' eignet sich, um Räder den Qualitäten 5 bis 12 zuzuordnen (Tabelle A.5).

Tabelle A.5: Qualitätskenngrößen bzw. Prüfkomplexe der Funktionsgruppe Laufgleichmäßigkeit, Modul $m = 0{,}1$ bis < 1 mm (Auszug aus [WEI81])

Qualitätskenngrößen bzw. Prüfkomplexe	Verzahnungsqualität									
	3	4	5	6	7	8	9	10	11	12
f_i'	×	×	×	×	×	×	-	-	-	-
f_{pe} und f_f	×	×	×	×	×	×	-	-	-	-
f_{pe} und f_p	×	×	×	×	×	×	-	-	-	-
f_i''	-	-	×	×	×	×	×	×	×	×
f_{pe}	-	-	-	-	-	-	×	×	×	×
f_p	-	-	-	-	-	-	×	×	×	×

Qualitätskenngröße bzw. Prüfkomplex geeignet (×) / nicht geeignet (-) zum Bestimmen dieser Verzahnungsqualität

f_f Profil-Formabweichung, f_i' Einflankenwälzsprung, f_i'' Zweiflankenwälzsprung, f_p Teilungs-Einzelabweichung, f_{pe} Eingriffsteilungs-Abweichung

2. Zweiflankenwälzprüfung

„Das Prinzip beruht auf der Messung der Schwankung des Achsabstands *a* beim spielfreien Eingriff von Rad und Gegenrad (Abbildung A. 2). Erreicht wird dies durch die Aufnahme des einen Rads auf dem leicht beweglichen, gut geführten Schlitten, der mit konstanter Messkraft gegen das auf einem festen Schlitten angeordnete Gegenrad gedrückt wird. Dieses Rad wird meist motorisch angetrieben. Um geringe Messunsicherheiten zu erreichen, wird der Messschlitten blattfedergelagert ausgeführt und die Wälzgeschwindigkeit auf die zu bewegenden Massen, die Messkräfte und die zu messenden Amplituden abgestimmt." [KRA85]

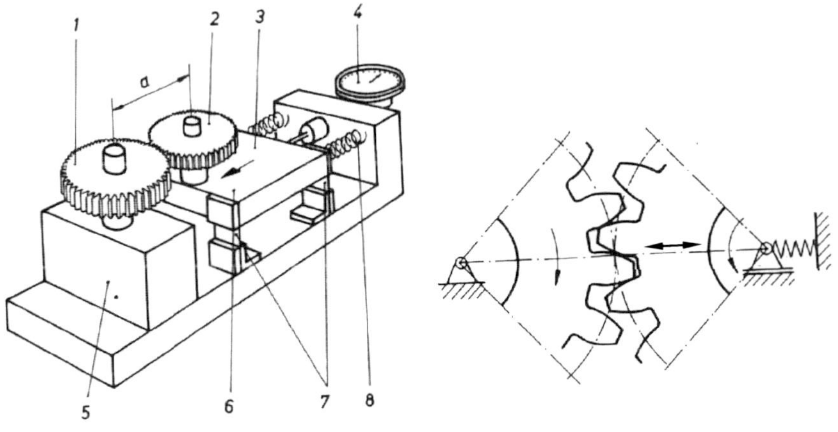

Abbildung A. 2: Zweiflankenwälzprüfung (Prinzip), [LIN96]
1 Prüfling, 2 Lehrzahnrad, 3 Messschlitten, 4 Messwertaufnehmer, 5 feststehende Aufnahme, 6 Messkraftrichtung, 7 Blattfederlagerung, 8 Messkrafteinstellung

„Die bei der Zweiflankenwälzprüfung registrierten Achsabstandsänderungen werden durch Flankenform-, Teilungs-, Eingriffswinkel- oder Grundkreisabweichungen oder Zahnschrägen-, Rundlauf- und Taumelabweichungen verursacht. Diese Abweichungen wirken sich unterschiedlich auf die Achsabstandsänderungen aus und entziehen sich einer quantitativen Analyse bezüglich ihres Anteils an der ermittelten Gesamtabweichung. Deshalb erfolgt in der Praxis bevorzugt eine qualitätsmäßige Einstufung der leicht aus dem Wälzdiagramm zu entnehmenden Zweiflankenwälzabweichung F_i'' und des Zweiflankenwälzsprungs f_i'' (Abbildung A. 3).“ [KRA85]

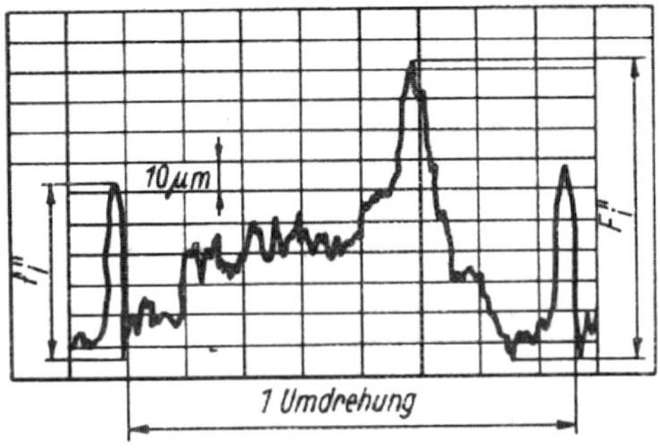

Abbildung A. 3: Zweiflankenwälzdiagram, [KRA85]
F_i'' Zweiflankenwälzabweichung, f_i'' Zweiflankenwälzsprung

3. Verzahnungsqualitäten der gemessenen Stirnräder

Die Zweiflankenwälzprüfung erfolgte mit dem Messgerät Typ *gms 32* der Firma *GEARTEC.CZ*. Die Ergebnisse zeigt Abbildung A. 4.

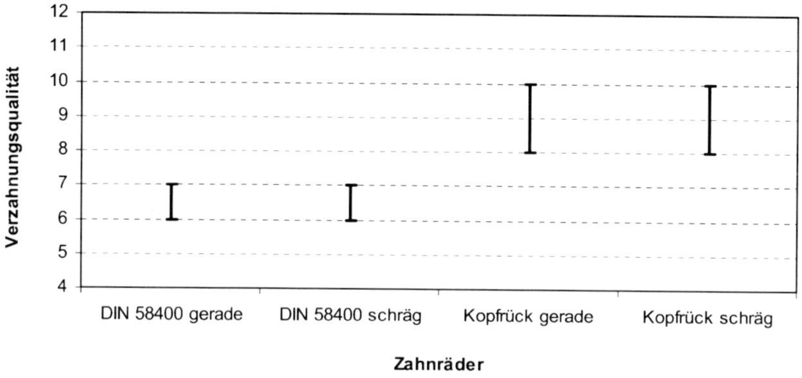

Abbildung A. 4: Bereiche der erreichten Verzahnungsqualitäten für die gefertigten Zahnräder mit z = 19 und 23, m = 0,25 mm und Werkstoff POM

Anhang 3 Getriebevarianten für die Geräuschmessungen

Tabelle A.6: Übersicht der durchgeführten Geräuschmessungen

Variante	Drehzahl n_{An}	Nennlast	Verzahnung (s Tabelle 5.1)
gv-A-150	150 min^{-1}	100 %	gerade, Normprofil
gv-A-600	600 min^{-1}		
gv-A-1000	1000 min^{-1}		
gv-B-150	150 min^{-1}	75 %	
gv-B-600	600 min^{-1}		
gv-B-1000	1000 min^{-1}		
gv-C-150	150 min^{-1}	50 %	
gv-C-600	600 min^{-1}		
gv-C-1000	1000 min^{-1}		
sv-A-150	150 min^{-1}	100 %	schräg, Normprofil
sv-A-600	600 min^{-1}		
sv-A-1000	1000 min^{-1}		
sv-B-150	150 min^{-1}	75 %	
sv-B-600	600 min^{-1}		
sv-B-1000	1000 min^{-1}		
sv-C-150	150 min^{-1}	50 %	
sv-C-600	600 min^{-1}		
sv-C-1000	1000 min^{-1}		
mgv-A-150	150 min^{-1}	100 %	gerade, mit Kopfrücknahme
mgv-A-600	600 min^{-1}		
mgv-A-1000	1000 min^{-1}		
mgv-B-150	150 min^{-1}	75 %	
mgv-B-600	600 min^{-1}		
mgv-B-1000	1000 min^{-1}		
mgv-C-150	150 min^{-1}	50 %	
mgv-C-600	600 min^{-1}		
mgv-C-1000	1000 min^{-1}		

Tabelle A.6 - Fortsetzung

msv-A-150	150 min^{-1}	100 %	**schräg, mit Kopfrücknahme**
msv-A-600	600 min^{-1}		
msv-A-1000	1000 min^{-1}		
msv-B-150	150 min^{-1}	75 %	
msv-B-600	600 min^{-1}		
msv-B-1000	1000 min^{-1}		
msv-C-150	150 min^{-1}	50 %	
msv-C-600	600 min^{-1}		
msv-C-1000	1000 min^{-1}		